荣格心理学
关键词

[英]安德鲁·塞缪尔斯　　[瑞士]巴妮·肖特　　[英]弗雷德·普劳特 ◎ 著

颖哲华 ◎ 译　　申荷永 ◎ 审校

A Critical Dictionary of Jungian Analysis

Andrew Samuels
Bani Shorter
Fred Plaut

中国人民大学出版社
·北京·

中文版序

写作本书的主要原因是荣格所使用的语言和术语除了荣格自己的话之外不曾有所释义；从写作当时至今日都是如此。其中的一些用语极其难以理解，这就带来了巨大的问题。

因此，三位作者决定用**自己的话**来定义荣格的用语。并且他们决定"批判"，这意味着他们并不认为荣格所写的一切都是正确的，甚至是有用的。

我认为，本书自 1986 年出版以来得以持续畅销，正是由于这种批判性的锐利文风。这可不是适用于对初学者灌输学说的宗教性宣传册！

这是一本好书，对学生们会十分有用，并且也能激发更具经验和资格的从业者们的思考——但我想说的还不仅限于此。

如果 20 世纪可被称为"弗洛伊德世纪"，那么我们一直以来，并且现在同样有充分理由认为 21 世纪可能被称为"荣格世纪"。确实，荣格的时代看来已经到来了。

首先，荣格发明了"情结"（complex）一词，意指从过去、现在甚至未来抽取的情感问题及互动的组合或群集。这个说法使临床医生不必纠结于并不适合精神健康方面的精确诊断。（对"抑郁症"或"焦虑症"等严密诊断之有效性的质疑如今仍然存在。）

荣格还发现了他所谓"内倾"（introversion）与"外倾"（extraversion）之间的区别。内省、安静、害羞、诗意的人们往往在更为外倾的家庭和社会中苦苦支撑；对于他们来说，荣格已成为首选的心理学家。

与弗洛伊德相比，荣格关于人类心灵和无意识的看法更为积极。在荣格看来，无意识不仅充满野性和破坏力，它也是创造力、灵性和人际关系能力的来源。同样，梦也并非弗洛伊德认为需要破译的、不可信的"文本"；相反，它们准确地揭示了梦者的心灵状况。在荣格的"自性化"（individuation）概念中，我们看到了个体与群体或者说集体之间关系的映射［荣格创造了"集体无意识"（collective unconscious）这个术语，从心理学的角度指出了人类的共同点］。

更广泛地说，今天大家都为"西方"一词的意义所困扰。与所谓的狂热的伊斯兰（这个概念本身是政治和媒体调和的产物）作为鲜明对比时，"西方"是容易定义的；其含义却是一个复杂得多的话题，迫切需要荣格理论的支持。荣格视自己为西方文化的治疗师，而假如他对西方文化的批评确实与许多穆斯林的意见不谋而合，我认为这只会让这样的批评更加显著。

荣格在西方文化中所看到的与当代批评家的看法非常相似。作为如今我们所称的生态心理学的先驱，他对西方文化过分理性的单一性以及与自然的切离感到绝望。他抨击了我们这个世界的唯物主义、个性的丧失、对身心分裂的注重、对性的机械化处理，以及存在及精神之目的感与意义感的丧失。在一个典型的天马行空的天才时刻，在其推陈破旧的著作《答约伯》中，荣格甚至试图成为犹太-基督教派中上帝的治疗师。

不过，要因此就乐观地看待荣格的名声是错误的。作为一名荣格分析师，我一直坚持荣格分析师和学者们应当正视他在1930年代的反犹太主义，并为之道歉，还应该试图纠正荣格理论中受误导甚或是完全错误的部分——例如因为据称犹太人缺乏他们自己的文化，被认为需要借用其他"东道主"（host）文化的形式，就使用"寄生者"（parasite）一词来指犹太人。

同样，荣格也贬低性地描述具有非洲背景的人们，甚至提出黑人缺乏意识的某个层面。

仅仅辩称主张这些观点只是由于荣格所处的时代是不够的；事实并非如此，最近的研究已表明了还有其他选择。

然而，荣格也有远非反犹太或种族主义的另一面。他反对将一种心理学体系强加给所有人，这预示了当今跨文化心理学家与治疗师的出现，也使荣格成为鼓舞所有在多元文化社会中砥砺前行的治疗师的老师。荣格关于犹太人在远离其历史经验之处拥有土地将会影响他们群体心理功能的思考，又以极具挑战性的方式为我们对中东局势这一当今热门政治话题的理解做出了贡献。

在与患者的临床工作中，荣格预见了心理治疗的"关系转折"：写到治疗师和患者同样身处治疗过程中，强调"治疗人格"（therapeutic personality）相较于机械性运用技术过程的重要性。他是一个机敏而富有同情心的治疗师，这也是我们应当避免只专注于其个人生活的又一个原因。

总而言之，我认为对本书也要进行批判！本书也不能对任何概念盖棺定论……

安德鲁·塞缪尔斯

Introduction to the Chinese Edition

The main reason for writing this book is that, at the time (and it is still true today), Jung's language and terminology was not explained outside of his own words. Given that some of the terms are exceedingly difficult to understand, this made a huge problem.

So the three authors decided to define Jung's terms *in their own words*. And they decided to be 'critical', meaning that they did not simply accept that everything Jung wrote was correct or even useful.

The critical edge and tone are, I think, the reason why the book continues to sell in substantial numbers since its publication in 1986. It is not a religious tract, suitable for the indoctrination of initiates!

I would like to do more than say what a great book it is, so useful for students and trainees, and stimulating to the thinking of more experienced and qualified practitioners.

If the last century has been called 'the Freudian century', there were and are reasons for thinking that this one could be Jung's. His time does seem to have come.

For a start he invented the term 'complex', meaning combinations or clusters of emotional issues and dynamics, drawn from past, present and even the future. This idea rescues clinicians from having to make precise diagnoses, which are not appropriate in connection with mental health. (This questioning of the validity of tight diagnoses such as 'depression' or 'anxiety' is still alive today.)

Jung also discovered differences between what he termed 'introversion' and 'extraversion' and has become the psychologist of choice for reflective, quiet, shy, poetic people who suffer excruciatingly in their more extraverted families and societies.

He had a much more positive view of the human psyche and unconscious than Freud. For Jung, the unconscious is not only full of wild and destructive drives; it is also the source of creativity, spirituality and the capacity for relationships. Similarly, dreams are not the untrustworthy 'texts' that Freud deciphered. Rather, they tell the dreamer exactly what is going on in their psyche. In Jung's idea of 'individuation', we see a mapping of the relations between an individual and the group or collective (and Jung coined the term 'collective unconscious' to indicate what all humans have in common from a psychological point of view).

More broadly, today there is a collective agonising over what is meant by 'the West'. Easy to define in contradistinction to a supposedly fanatical Islam (itself a political and media concoction), what it means to be western is a much more complicated topic that cries out for a Jungian input. Jung saw himself as a sort of therapist for western culture and, if his criticisms of it do resonate with what many Muslims are saying, then that strikes me as all the more significant.

What Jung saw in western culture is very familiar to what its contemporary critics perceive. He despaired of the over-rational one-sided-ness of western culture, the way it has got cut off from nature (Jung is the pioneer of what is now called ecopsychology). He hit out at the materialism and loss of individuality in our world, focused on the mind-body split, on mechanical approaches to sex, and the west's loss of a sense of existential and spiritual purpose and meaning. He even, in a characteristic moment of imaginative genius, tried to be the therapist of the Judeo-Christian God, in his iconoclastic book *Answer to Job*.

Yet as far as Jung's reputation is concerned, it would be wrong to end on an upbeat note. As a Jungian analyst I have always insisted that Jungian analysts and scholars acknowledge and apologise for his anti-semitism in the 1930s and try to fix those parts of the theories that are misguided or plain wrong: for instance using the word 'parasite' in connection with the Jews, to refer to an alleged lack of a culture of their own and their supposed need to use the forms of other 'host' cultures.

Similarly, Jung wrote about people of African background in a derogatory way, even suggesting that Black people lack a layer of consciousness.

It is not enough to say that these views are merely appropriate to the time Jung was living in. This is not true; there were other pathways open to him as recent scholarship has demonstrated.

Yet, there is another side to Jung, far from anti-Semitic or racist. His protest at the imposition of one system of psychology on everyone anticipates today's transcultural and intercultural psychologists and therapists, which makes him an inspiring teacher for therapists struggling to work in a multicultural society. And Jung's musings about how the Jewish people's possession of land, so far from their historic experience, would affect their group psychological functioning contributes in a very challenging way to our understanding of yet another of today's hot political topics—the situation in the Middle East.

In his clinical work with patients, he anticipated the 'relational turn' in psychotherapy: writing that the therapist was as much in the treatment process as the patient, and stressing the importance of the 'therapeutic personality' as opposed to the mechanical application of the technical procedures. He was an alert and compassionate therapist— another reason we should avoid only concentrating on his personal life.

To conclude, I think that what is needed is a critique of the *Critical Dictionary*! It is not the final word on anything...

Andrew Samuels

推荐序

分析、批判与创新

这部《荣格心理学关键词》，是学习荣格分析心理学的重要著作，也是安德鲁·塞缪尔斯的代表作之一，由其与巴妮·肖特、弗雷德·普劳特合作完成，由澳门城市大学心理分析研究院颖哲华博士翻译。

按照安德鲁·塞缪尔斯的观点，荣格之后就有了"后荣格"（post-Jungian）或者后荣格学派，包括经典学派、原型学派，以及发展学派。为此，他也撰写了一部专著：《荣格与后荣格学派》（*Jung and the Post-Jungian*，1985）。于是，《荣格心理学关键词》不仅与荣格有关，也与荣格之后的分析心理学发展有关。本书的原名中有"批判"（critical）一词，之所以如此，是因为作为后荣格心理分析师，安德鲁·塞缪尔斯以及巴妮·肖特和弗雷德·普劳特，要表达他们新的发现与新的理解。

比如，关于分析心理学的"分析"，安德鲁·塞缪尔斯比较了其与弗洛伊德精神分析之"分析"的不同；荣格将分析中所发生的内容视为两极作用的结果，并发展了心灵能量的观点，坚持运用"合成"的分析方法，将导致对立之心理本源予以整合。

在分析评价"阿尼玛"（anima）概念的时候，安德鲁·塞缪尔斯则提出了詹姆斯·希尔曼（James Hillman）对此概念的阐释与发展。他与希尔曼都认为，阿尼玛是整个西方文化无意识的拟人化，并且可能正是让我们的想象力尽情释放的原型意象。关于荣格分析心理学之核心技术"积极想象"（active imagination），这部著作重点分析介绍了其不足与可能带来的负面影响，或者说将无意识内容带入意识可能产生的心理危害。同时，本书发挥了荣格的三点警告：（a）如果来访者陷于自己的情结而无法自拔，则积极想象的过程可能毫无结果；（b）来访者可能受幻想的诱惑而不再面对现实；（c）无意识内容可能拥有极大能量，从而占据与控制来访者的人格。

在安德鲁·塞缪尔斯以及巴妮·肖特和弗雷德·普劳特看来，随着社会的发展，人们对荣格及其分析心理学的关注，渐渐从对其深奥神秘的兴趣转向其对人性化心理学所做出的贡献，以及其所带来的疗愈效果与意义。2009 年 10 月荣格《红书》①正式出版，随后多次印刷并被翻译为 12 种语言，被誉为"近百年心理学历史上最重要的事件"②；由此引起世界范围的"荣格热"。荣格的影响不仅在于心理学，诸如哲学、人类学、文学、文化和艺术，包括"新时代运动"和"后现代思潮"，凡是与人之心理有关、与人类心灵有关的领域，都有荣格思想的传播与发展。

在诸多西方心理学理论以及临床治疗的方法中，几乎唯有荣格及其分析心理学，与中国文化有着如此深刻的渊源。荣格曾学习汉字，研习《易经》，自称是中国文化的信徒、道家的追随者。他为卫礼贤翻译的《易经》作序，为《太乙金华宗旨》撰写评论（《金花的秘密》），对《西藏度亡经》（《中阴得度》）和《西藏大解脱书》做专门介绍……这些特殊的著述至今都具有深远的影响，也体现着中国文化的意义。

安德鲁·塞缪尔斯是埃塞克斯大学分析心理学教授，东方心理分析研究院特聘教授与督导师，曾担任国际分析心理学会名誉秘书长，同荣

---

① 《红书》（Red Book），或称为《新书》（Liber Novus），是荣格早期连续 16 年的私人日记。

② CORBETT S. Carl Jung and the Holy Grail of the Unconscious. New York Time, 2009 - 09 - 16.

格一样，喜欢中国，热爱中国文化。我曾在"洗心岛"微博《睿智率性安德鲁》中对他有专门介绍。"睿智"是"思"的本性，以及思之本义的体现，尤其是在汉字"思"的原型意象中，"头"与"心"一以贯之，寓意心之思；"率性"指其不仅性情直爽，且有喜怒哀乐未发之中，以及发而皆中节之和，这正是荣格学派心理分析师自性与自性化的象征。

安德鲁·塞缪尔斯及其合作者在阐释荣格自性与自性化思想的时候，融入了他们的理解与发展，不仅将自性（Self）作为一种原型意象，而且认为自性代表人潜能之完全体现，属于人类心灵中的统一与整合。自我与自性终生互动，形成一个人独特的生命，融汇为分析心理学的核心理念。在心理分析的专业实践中，分析师不仅为来访者工作，同时也满足自身心灵的需要，包含一种特殊的责任，不仅体现正心诚意，明心见性，而且正是道之智慧的体现。

申荷永

2020 年 6 月于麓湖洗心岛

致　谢

在此向旧金山荣格学院奖学金委员会致谢，并感谢恩斯特与埃莉诺·范·洛本·西尔斯奖学金基金会（Ernst and Eleanor van Loben Sels Scholarship Fund）所提供的资助。

感谢劳特利奇及基根·保罗出版社（Routledge & Kegan Paul）和普林斯顿大学出版社，它们提供了由里德（H. Read）、福特汉姆（M. Fordham）和阿德勒（G. Adler）编辑，赫尔（R. Hull）翻译的《荣格全集》英译本（*Collected Works of C. G. Jung*，CW）。

感谢简·威廉姆斯（Jane Williams）的录入工作，她以极好的心态克服了几位不同作者合作撰写所带来的困难。感谢凯瑟琳·格雷厄姆-哈里森（Catherine Graham-Harrison）对于许多条目初稿所提供的评论，她的优秀能力让本书的写作与出版得以平稳推进。

引 言

　　自荣格 1961 年去世以来，大众对于分析心理学以及运用并发展分析心理学理论的学者们的兴趣日渐增长。但许多读者对荣格学派使用的术语不甚熟悉，因此不少分析心理学书籍都包含词汇表或术语定义表。然而这些词汇表或术语定义表使用的仍然是荣格的原话，来自《荣格全集》第六卷中给出的定义、荣格自传（《回忆，梦，思考》，1963 年），或主要从荣格后继者所呈现的荣格著作中摘取［如亚菲（A. Jaffé）发表的纪念文集《荣格：文字与意象》（*C. G. Jung：Word and Image*，1979)］。上述做法在斯托（Anthony Storr）的《荣格文选》［(*Jung：Selected Writing*，1983；在美国出版时名为《荣格精选》(*The Essential Jung*)］，以及由斯丹（M. Stein）选编成集的《荣格学派之分析》(*Jungian Analysis*，1982) 中均可见一斑。

　　我们可以合理地考虑，依赖于荣格原文表述的词汇表，可能不足以为读者提供所需的理解和总结。对于自有特定主体的著作，要期望它们同样起到普及教育的功能，难免有失公允；同时作者们当然也会担忧，自行简短解释这些含义复杂的术语，容易造成误解。

相较之下，想要深入了解精神分析用语的读者可幸运得多。他们可以参考拉普朗虚（Jean Laplanche）和彭塔力斯（Jean-Bertrand Pontalis）的《精神分析用语》（*The Language of Psychoanalysis*，1980），或是里克罗夫特（Charles Rycroft）的《精神分析要典》（*A Critical Dictionary of Psychoanalysis*，1972）。两者都是本书的灵感来源——前者带来了学术性、历史性的广博视角，而后者则展现了负责任的评论意见。

分析心理学并非在荣格去世后就停滞不前。因此，任何辞典都必须展现后荣格时期的作家们如何应用、修改及质疑荣格提出的概念；同样，也应当对出自或平行于精神分析范畴的反对意见有所涉及。因此，本书书名（英文书名）中使用了"批判"（critical）一词。

目前，对荣格及其学说的注意力，渐渐从对其深奥神秘的兴趣转向其对人性化的心理学所做的贡献，以及为带来疗愈效果所做的努力。本辞典在诸多方面均反映了上述全球性的趋势。在所有助人专业中，分析心理学的临床地位正在逐渐加强。荣格取向的治疗师数量激增，学术界更是前所未有地注重荣格所进行的工作。例如在英国，分析心理学家在国民医疗保健系统中被委任为顾问精神科医生或心理治疗师的人数，即展现了这一趋势；其他西方国家亦有类似的情况。

培训课程的阅读书目中关于荣格的书籍数目大幅增加，也是对上述变迁的典型例证。心理治疗和心理咨询的综合训练课程与日俱增，如本书这样的著作对学生自是必不可少。培训中的精神分析师以及修习心理学、社工、辅导、宗教及人类学的学生都需要相关的基础知识。作者们希望本书能对精神科医生等专业人士有所助益；除此之外，也希望学者和出于个人原因阅读荣格的读者们，能有这样一本总结并解释深奥术语的、准确可靠的工具书。

要理解荣格的相关著作及用语，困难在哪里呢？荣格是一位经验主义的思想家，有时他甚至故意回避准确的逻辑，使得读者产生混乱。事实上，荣格的智识发展建立在直觉性和试探性见解基础上，因此在不同的语境中往往有不同的表达。

有时候，对荣格著作最好的理解是将其视为一系列必须大量使用类比来形容的流动意象。最重要的是，荣格从来不会放弃任何思想。他不像弗洛伊德那样曾对自己的想法进行大量的正式修订，将前期所形成的理论作为后期学说的踏脚石。荣格修改著作时，通常会加入更多更新材料。①

荣格属于他的时代。某些情况下，这意味着他采用的方法符合那个时代的文化和观念。例如，他倾向于把思想组织成为对立的**两极**（op-posites），根据情境时而冲突时而结合，并能产生新的合成体。随着时间流逝，这种黑格尔式的方法越来越不合时宜。当代惯用的范式更加灵活，倾向基于关系和反馈，且注重过程。为假想的力量和元素命名，并将其视为一个实体结构的组成部分，这种 19 世纪晚期至 20 世纪早期的思维特点，在我们听来同样很奇异。例如**"能量"**（energy）的说法，就是上述的物化，或称抽象概念实体化的做法。

除此之外，荣格更抱有强烈的个人好恶。他深信所谓的"人为误差"（个人性格必然影响其想法），因而他自身的生活经验也经常为其理论提供原料。虽然他把这看作是"经验性的"，但个人体验的加入有时会导致他采取比较极端的观点——例如对性别角色的看法。

某些翻译的问题也常影响理解，本书亦会提及相关之处。但比起精神分析，这类问题倒要少得多，很可能是由于荣格对英语的掌握相当全

---

① 例如 *CW* 4，paras. 693 - 744。

面且地道。《荣格全集》的译者也得益于荣格用英语口语解释自己想法的传统，并且还可以自由参考荣格发表的英文演讲及所写的英文论文。

本书每一个主要定义下有以下几方面的内容，交叉参考处也有所标示。这些内容包括：术语的意义或多重意义；术语在荣格思想中的来源与地位；相同或类似的术语在分析心理学与精神分析中使用时的区别；术语在分析心理学领域内使用的改变；适用的批评意见；引述以及参考文献。参考文献列于书末。除非另有说明，本书所引用的荣格著作均来自由劳特利奇及基根·保罗出版社和普林斯顿大学出版社出版的《荣格全集》，并注明卷次及段落。如果上下文未有注明，则作者们会尽量标出读者可能不熟悉的作家的学派方向。没有标明专长领域的作家均为分析心理学家。

在此尚需提及未收录于本书的内容。作者们已尽可能将选词范围限于分析心理学及具有心理含义的词语，并未试图涵盖心理动力学或精神分析的基本术语。但一些精神分析的术语，若与分析心理学可能产生具有历史重要性、特别尖锐的分歧，又或者读者可能得益于两者的比较，则均予收录。

本书内容包括：（a）由荣格引入或主要发展的术语和理念［如**自性化**（individuation）］。（b）在心理动力学中常用，但由荣格以特殊方式使用的术语和理念［如**象征**（symbol）］。（c）由荣格以特殊方式使用的普通词语［如**整体性**（wholeness）］。（d）由其他分析心理学家引入并发展的主要术语［如**自我-自性轴**（ego-Self axis）］。一般来说，只有曾以英语出现过的此类材料才加以收录。（e）精神分析术语［仅限于上一段所提到之考虑范围内，如**投射**（projection）］。

读者可据此定向的方式还有以下几种：一些条目谈到荣格的思想特点或意识形态［如**还原与合成方法**（reductive and synthetic methods）]。另一些则论及分析心理学的中心主题 [如**乱伦**（incest）]。还有一些涵盖荣格重要的理论观点 [如**原型**（archetype）]。最后，技术术语亦有具体定义 [如**人格面具**（persona）]。

我们还要记得，分析心理学就像精神分析一样，以三条主线结合为一：对无意识生活的搜寻与探讨、理论知识框架、治疗方法。

每门学科都会创造自己的术语，深度心理学也不例外。作者们希望通过解释禁锢在这些行话里的意义，使术语活起来。话语和想法是活的；它们成长，衰败，变化。它们能使人们团结在一起，又会造成分裂。它们为心灵发声，又能够毁伤心灵。

本书源于作者们作为分析师、教师和作家的经验异同。编写本书的动力，正是对荣格写下的文字绞尽脑汁辗转反侧的亲身体会、对所有努力想要去理解的人的共情。

ANALYSIS

荣格心理学关键词

A Critical Dictionary of Jungian Analysis

CONTENTS **目 录**

A

B

C

D

E

F

G

H

I

L

M

N

O

P

R

U

V

W

A

abaissement du niveau mental　心智水平降低

　　毫无限制地释放心理束缚；**意识**（consciousness）强度降低，特征为注意力和集中力缺失；在这种状态下，可能会有意想不到的内容从**无意识**（unconscious）中显现。这个词最早是由荣格的老师，法国的皮埃尔·让内教授应用以解释癔病及其他的心因性神经官能症（参见 neurosis **神经症**）。荣格在他早期关于**字词联想测试**（words association test）的研究中发现了同样的现象，他观察到与个人情结相关的内容自发干预意识的现象（参见 complex **情结**）。荣格随后使用这个词来形容某些无意识内容即将在意识中发生作用的范围更广的状态。他注意到，这一状态是自发心灵现象的一个重要先决条件。因此，虽然这种状态通常不由自主地发生［如**精神疾病**（mental illness）的情况］，但是我们可以在准备进行**积极想象**（active imagination）时有意识地去引导它出现。

　　在上述的状态下，通常受**自我**（ego）约束控制的**两极**（opposites）活动得以释放；因此每一次心智水平降低都会带来价值的相对逆转。这种意识阈值降低也是某些药物作用的特性。荣格认为，这种状态"与神话初始形成时的意识原始状态相当确切地"[1] 相呼应（参见 primitives **原始人**；myth **神话**）。心智水平降低状态下可能出现的负面影响包括显现出潜在的精神病倾向，因此不一定是良性的状态。除非自我足够强

---

① *CW* 9ii，para. 264.

大，不仅能够承受面对无意识，还能够对可能爆发的原型象征进行**整合**（integration），否则不应当鼓励进入这种状态（参见 archetype **原型**；inflation **膨胀**；possession **占据**；symbol **象征**）。

这一状态下所产生的意象断续零碎，展现出比喻的构造，包括了语言、声响或视觉类别的浅层**联想**（associations），且可能含有缩合、非理性表达以及迷惑。这样的幻想和**梦**（dreams）一样，并不必然遵循一定的顺序，初看来也并未揭示具有目的性的象征内容。通过使通常受压抑的心灵内容变得可察知，**统觉**（apperception）得到了丰富，但不能保证这些内容就会成为意识整体的一部分。要统合它们，需要**反思**（reflection）和**分析**（analysis）。身处这种状态的人可能出现精神解离，而无法有意识地重新定位自身。

荣格将意识张力松弛的原因描述为无法再控制**能量**（energy）为自我所用，其主观感觉为精神萎靡忧郁、情绪低迷抑郁，并认为这样的状态与原始人所指的**"灵魂丧失"**（loss of soul）相对应。无论产生以上心灵状态的原因为何，都可用心智水平降低来描述这种状态。

abreaction 释放（发泄）

对创伤性时刻的戏剧性重演，在清醒或催眠状态下对创伤性时刻进行情绪方面的概括回顾，一种"使创伤经历所致的情感失去力量，直到创伤经历不再有令人不安的影响"① 的复述形式。

对释放（发泄）的运用可以联系到弗洛伊德的**创伤**（trauma）理论

---

① *CW* 16，para. 262.

以及早期的精神分析实验。对于释放（发泄）的功效，荣格与弗洛伊德看法相异。考虑到其不足，荣格进一步定义了自己的方法，并详述了移情在治疗中的作用（参见 analyst and patient **分析师与患者**）。

荣格发现，在通过暗示或是所谓的净化疗法单独运用释放（发泄）时，其功效不足，可能根本无用甚至有害。弗洛伊德后来也发现了这一点。荣格指出，治疗的目的是**整合**（integration）与创伤相关的**解离**（dissociation），而不是通过释放（发泄）使其消散。在荣格看来，这种经历重演应当揭示**神经症**（neurosis）的两极性方面，使经历者得以再次联系上**情结**（complex）的正面内容或可预期的内容，并由此控制住**情感**（affect）的影响。他认为，患者可以通过与治疗师的关系来增强意识人格，令原本独立存在的情结受**自我**（ego）所控制，从而取得上述效果。

释放（发泄）是**分析**（analysis）中的一种**表现**（enactment）形式，在如原始疗法等一些其他疗法中占主导地位。

acting out　表演（行动化）

荣格的**膨胀**（inflation）概念在一定程度上相类于弗洛伊德所使用的术语"表演"（行动化）。这一术语指的是"主体陷入并即时重温无意识中的渴望及幻想，所产生的感觉因他否认幻想来源及其重复特性而得以加强"[①]。我们会注意到，这些未经区分且未受**自我**（ego）控制的行动就像**原型认同**（identification with an archetype）一样，具有强

---

① Laplanche and Pontalis，1980.

迫性、受驱使性及重复性。自我掌控的缺失显然是基于主体从根本上拒绝承认或无法承认驱使动力的存在，因而绕过了意识的察知。心灵内容侵入的象征性被忽略了（参见 enactment 表现；incest 乱伦）。

active imagination　积极想象

荣格在 1935 年使用这一术语来描述醒着做梦的过程。[①] 进行积极想象者从集中某一特定重点，或是心境、视像或事件开始，让一连串相关的**幻想**（fantasies）发展起来并逐渐带上戏剧性。之后这些意象就会自己活起来，并根据它们自有的逻辑去发展。积极想象者必须克服意识的怀疑，并容许由此而来的任何东西进入意识。

这在心理上创造了一个全新的境况，原本无关联的内容或多或少变得清晰连贯。由于唤起了情感，意识**自我**（ego）受刺激的反应比**梦**（dreams）更为迅速直接。因为在做梦之前，意象已在积极想象中浮现，荣格认为这加快了意象的成熟。

积极想象与白日梦截然不同；白日梦基本上是个人的编造，且存留在个人及日常体验的表层。积极想象则是意识创作的对立面。积极想象所表现的戏剧场面仿佛"想要迫使观者参与其中，从而创造了一个使**无意识**（unconscious）内容在清醒状态下曝光的新状况"[②]。荣格由此找到了**超越性功能**（transcendent function）发生作用的证据——意识因素与无意识因素之间的合作。

---

①　*CW* 6，para. 723n.
②　*CW* 14，para. 706.

积极想象所带来的内容可以有几种处理方法。积极想象的过程本身可能会产生带来活力的正面效果，但其内容也可以像梦的内容一样，经由绘画表述出来（参见 painting **绘画**）。分析师可以鼓励患者写下自己的幻想，以便在幻想发生当时固定其过程。这样的记录可以随后在**分析**（analysis）中进行**解释**（interpretation）。

不过荣格也认为，幻想而来的**意象**（image）本身已经拥有在心灵生活中继续成长和蜕变所需要的一切。他告诫在进行积极想象时不要与外界有接触，将其比作炼金过程中所必需的"密封容器"（参见 alchemy **炼金术**）。荣格的建议是，积极想象不能无差别地用在每个人身上；在分析后期阶段，当意象客观化可能取代梦时最有效用。

这样的幻想需要意识活动的合作。积极想象可能会激起**神经症**（neurosis）的疗愈，但只有当它被整合，并且不会成为取代或逃避意识活动劳作的途径时才能真正成功。与患者被动体验的梦相比，这一想象过程需要**自我**（ego）的积极及富有创造性的参与。[①]

这样一种将那些等在无意识阈值门外的内容带入意识中的方法并不全然没有心理危害（参见 *abaissement du niveau mental* **心智水平降低**）。荣格主要关注的危害有以下三种：（a）如果患者陷于自己的情结中无法自拔，则积极想象的过程可能毫无结果；（b）患者可能受幻想的外表诱惑而忽视必要的正面面对；（c）无意识内容可能拥有极大的**能量**（energy），以至于一旦提供一个出口，就占据了人格（参见 inflation **膨胀**；possession **占据**）。

①　参见 Weaver，1964；Watkins，1976；Jaffé，1979。

adaptation　适应

与内部和外部因素发生关联，掌握及平衡这些因素。与遵从不同，适应是**自性化**（individuation）的一个重要方面。

荣格将无法适应定义为**神经症**（neurosis）的一个要素。无法适应可表现于外在或内在现实。在**分析**（analysis）中，必须首先处理好外在问题，患者才能有余力去面对深刻而紧迫的内在问题。荣格指出，适应本身也意味着平衡内在和外在世界可能完全相异的需求。分析一开始可能看似破坏了患者的适应；但之后患者会发现这种破坏是必要的，因为先前的适应是代价过高的伪装。

适应有多种模式，因人以及**类型学**（typology）而异。不过，过度依赖某一个特定的适应模式，或者过度集中于满足内在或外在的要求，也可被视为神经症。

"适应"这一术语还与个人和**集体**（collective）要求之间的冲突相关。对此，荣格的观点是，这取决于个体；有些人需要更多的"个人"，另一些人则更需要"集体"。① 参见 unconscious **无意识**。亲密关系是内在与外在、个人与集体相互渗透的绝佳例证。比如说在一段婚姻中对伴侣的适应，就可以从上述这些层面来看待。

适应是否就等同于"正常"呢？关于"正常"的人，荣格写道，这样一个"各种特性的幸福交融"是"理想"而"罕见"的。② 这一观点与弗洛伊德将"正常"描述为"理想的虚构"相似。③

---

① *CW* 7，para. 462.
② *CW* 7，para. 80.
③ Freud，1973.

aetiology（of neurosis） （神经症的） 病因

弗洛伊德与荣格在共同研究精神分析时，都曾寻求心理失常的原因，并得出相同的结论，即**神经症**（neurosis）的病因并不能单纯追溯为特定创伤经历的影响。例如，荣格就主张患者的个人态度可以被看作原因之一。更重要的是，他发现病因并不仅限于现实人物（如父母）所带来的创伤影响，原型幻想投射同样可以成为病因。他意识到这两种因素的相对重要性可以通过分析来判断，而且必须将这类天神般极具迫使力的意象考虑在内（参见 image **意象**；imago **意像**）。

荣格提出，从心理治疗的视角来看，确实有某些病例，其病因相对并不重要，又或是带来病痛的神经症的真正病因只有到了治疗末期才变得明显。他并不赞同所有神经症都源自儿童时期，或是患者必须意识到病因才能被治愈的主张。

荣格从 1912 年后谈及需要有一种"终极"视角，这与弗洛伊德所采取的"因果"立场相对立（参见 reductive and synthetic methods **还原与合成方法**）。荣格后期尤其是在关于**自性化**（individuation）这一主题的研究和著作中，提出病因可能不仅限于病理性的起源，还能在个人成长方面发挥更积极的作用（参见 teleological point of view **目的论观点**）。他指出，在大多数情况下，神经症的根本原因在于**意义**（meaning）和价值的丧失。

桑德纳和比毕①认为神经症源于"心灵在面对难以忍受的痛苦时解离或分裂的倾向"。威尔赖特②谈到神经症和精神病时，将这两者都列

---

① Sandner and Beebe，1982.
② Wheelwright，1982.

为"对启动成长和发展的自然尝试"。佩里①在其精神病学的研究和实验中都奉行威尔赖特的观点。

affect　情感

与情绪同义；有足够强度、能引起激动焦虑或其他明显精神运动失常的感受。一个人可以控制感受，情感则可以违反**意志**（will）带来侵扰，且很难压抑。情感爆发是对个体的侵入，会暂时控制**自我**（ego）。

我们的情绪发生在我们身上；情感发生在我们的**适应**（adaptation）最弱，且同时暴露了之所以为弱点的时候。这是荣格最初进行**字词联想测试**（word association test）时的中心实验假设。发现**情结**（complex）的关键在于一个满负情感的回应。情感会揭示心理价值的轨迹和力量。对心灵伤口的衡量即碰触这一伤口时所激起的情感（参见association**联想**）。

alchemy　炼金术

荣格认为，从象征性而非科学性的视角出发，炼金术可以被看作现代对**无意识**（unconscious）的先导研究之一。尤其是在人格**转化**（transformation）方面，炼金术有着特殊的分析价值。炼金术士将其内在的提炼过程映射到他们现实中在做的事，并且在各种操作的过程中体

---

① Perry，1974，1976.

验着深刻激昂的情感与精神历程。最重要的是，他们并不试图将体验与活动拆分开来；也正是以这种方式，炼金术士可说是具有当代的心理态度——至少从回顾历史的角度来说如此。正如**分析心理学**（analytical psychology）以及**精神分析**（psychoanalysis）在其出现的时代中那样，炼金术也可以被看作一种颠覆性的、暗藏的力量：炼金术那生动朴实的意象与中世纪基督教那种程式化、去性化的表达所形成的鲜明对比，一如精神分析对维多利亚时代的拘谨死板和自得自满所带来的震动。

从现今可以重现的情景来看，15 及 16 世纪的炼金术士们有两个相互关联的目标：（a）将基础物质改变或者转化为更有价值的东西——这种东西可被称为黄金、万用灵药或哲人石；（b）将基础物质转化为**精神**（spirit）；简而言之，即释放**灵魂**（soul）。相反，炼金术士同样尝试将自己灵魂中的存在转化为物质形态——其无意识投射正可满足这一需要。这些不同的目标都可以被看作心理成长与发展的**隐喻**（meta-phors）。

炼金术士会基于由**两极**（opposites）组成的架构，慎重地选择元素。这是因为两极相吸之力会导致其最终结合并产生一种新的物质，这种新物质来自却又异于原来的物质。经过多次不同方式的化学组合及再生之后，这种新物质会以纯粹的形态出现。这样的物质似乎并不存在于自然界的事实，使得荣格认为必须从象征性的角度来看炼金术，而不是将其视为当时已全无可信之处的一门伪科学（参见 symbol **象征**）。

以上想法对与炼金术相关的著作尤为适用。在炼金术著作中，就同**梦**（dreams）中一样，我们可以看到各种元素表现为人或者动物，而所谓的"化学"过程（因为炼金术也是现代化学的前身）则通过性交或其他身体活动的意象来描述。例如，两个元素的组合可以表现为男性和女性形象的性交，生育婴儿，结合为**雌雄同体**（hermaphrodite），又或成为一个**阴阳同体**（androgyne）。对于炼金术士来说，男性和女性也许是最根本的两极（或者说，最根本的心理两极存在的表现）。因为性交的结果是一个衍生自而又异于父母双方的全新实体，我们可以看到人类与其成长被象征性地运用，来暗指心灵内在过程以及个人人格成长的方式。

但是，我们也不应当认为其中就此忽略了人际因素。炼金术士（通常是男性）与另一人（有时是真实的人，有时是幻想的）合作，这位合作者被称为神秘的姐妹（*soror mystica*，参见 anima **阿尼玛**）。这一"他者"在心理变化中的角色如今已众所周知——例如拉康①的"镜像阶段"，又如温尼考特②强调母亲的映射对婴儿的完整与价值之影响。因此，炼金术是一个**隐喻**（metaphor），它横跨人际以及个体内在的分割线，能够阐明与他人的关系如何促进个体的内在成长，以及心灵内在过程如何推动个人关系。

审视**分析师与患者**（analyst and patient）的关系时，炼金术同样是一个中肯的隐喻。荣格对于辩证过程以及双向转化的重视可以通过炼金术来说明。③ 在移情作用中，分析师相对于患者，既是作为一个人，又是作为内容物——父母、问题、潜力——的投射。**分析**（analysis）的任务是将"灵魂"（即潜力）从其物质的监狱［即**神经症**（neurosis）］中释放出来；现代心理治疗师在患者的心理中所见的，也正是炼金术士通过化学形式所观察到的。"人格是由厚重抑郁的铅、易燃激进的硫、苦涩智慧的盐，再加上多变闪烁的汞合成的特定组合。"④

炼金术的中心概念是**心灵**（psyche）和物质的分化。我们可以在何种程度上将诸如**意义**（meaning）、目的、情绪等的心理因素看作在自然

---

① Lacan，1949.

② Winnicott，1967.

③ *CW* 16，"The Psychology of the Transference".

④ Hillman，1975，p. 186.

状态的物理世界中运作，与对投射的分析有关，且根据不同情境而相异（参见 psychoid unconscious **类心灵无意识**；synchronicity **共时性**；*unus mundus* **一元宇宙**）。有部分人认为荣格对炼金术的兴趣很是可疑，甚或是有损其名声，并且认为荣格将炼金术与像移情这样的一个关键临床概念相联系简直让人不知所云。不过，炼金术除了给荣格提供了一定程度上的情感支持（因为他感到自己与炼金术士同属一源），也使他得以从一个立于医学或**宗教**（religion）以外、灵活的单一视角，去探测心理成长与变化、心理治疗以及自然世界中的心理普遍性问题。

荣格的著作中穿插着与炼金术相关的引用。以下附上一份简要词汇表，并带有对特定术语含义的解读。

术者：炼金术士，及其在工作中有意识的参与，因此也象征着自我与分析师。

精合：最初放入的不同元素在容器（参见下文）中的交合。将炼金术的隐喻运用到分析中时，我们可以注意到几种不同类型的**精合**（coniunction）。（a）分析师与其分析中的"对立面"，即患者之间发展起来的有意识的工作联盟；为分析而发展的一个共同目标。（b）随着患者自体察知的提高，其**意识**（consciousness）与无意识之间的精合。（c）在分析师身上发生的相同过程，即随着分析师自体察知的提高，其**意识**（consciousness）与无意识之间的精合。（d）患者无意识中的敌对及冲突倾向的逐渐整合。（e）在分析师身上发生的相同的过程。（f）原本完全感官或物质的一面与完全精神的一面逐渐融合，并产生更为兼顾双方的立场。

发酵：炼金过程的阶段，元素的酿造。在分析中指移情-反移情的演化。

圣婚：字面意义为"神圣的婚姻"。精合的特殊形式，"神圣"和

"婚姻"两者均为重点；因此是指精神与身体的联结。基督教中的奥古斯丁派将基督与其教会之间的关系视为圣婚，以十字架为婚床来圆满成婚。

受精：炼金过程的阶段，灵魂从其身体（物质）的监狱中解放而升入天堂。在分析中指患者的改变，可能出现一个"全新之人"。

哲人石：贤者之石，炼金术士的目标。有时甚至连炼金术士都视其为目标的隐喻。因此，哲人石指的是自体实现与**自性化**（individuation）。

黑化：炼金过程的阶段，元素变黑表明某些重要事件即将发生。在分析中，可能表现为在某种行动之前或初始蜜月期结束后的抑郁。一般来说指的是与**阴影**（shadow）的对立。

墨丘利：这位神可变幻成无数形态，但仍保持自身不变的能力恰恰是心理变化中所需要的。在分析中，他被荣格描述为"联盟中的第三者"，而他使人恼怒的顽皮一面又与他转化变幻之特性形成平衡。① 对于炼金术士来说，墨丘利的重要性在于这样一个事实，即他曾经既邪恶、卑劣、带有恶臭，却又神圣；墨丘利是启示与**初始化**（initiation）之神——精合的拟人化（参见 Trickster **愚者**）。

死化/制伏：炼金过程的阶段，原本的元素"死去"，不再以其原始形式存在。在分析中指症状可能获得新的含义，分析关系可能获得新的重要性。

作品/成品：炼金的过程和成品。也指毕生之作，即**自性化**（individuation）。

---

① *CW* 16，para. 384.

原料（混乱状态）：处于混乱状态中的原本的元素。

腐化：炼金过程的阶段，腐烂的元素所释放的蒸汽是转化的预兆。

（神秘）姐妹：与术者关联的、真正的或象征性的人物。患者和分析师在分析中采用这些角色。

元素嬗变：炼金术的核心理念——元素可以转换并产生一个新产物。参见**能量**（energy）。

容器：炼金容器。在分析中指的是分析关系包容的方面。

ambivalence　矛盾双重性/似是而非

由布洛伊勒引入使用的一个术语（参见 psychoanalysis **精神分析**）。荣格对这个术语的使用有多个方面，详列如下。

（1）指对同一形体（人、意象、念头、自体的一部分）正面和负面情感的融合。这些情感出自同一源头，而不是来自情感指向者的不同品质。例如，婴儿对母亲的矛盾双重性源于婴儿自身的爱恨能力，而不是出于母亲身上可爱和可恨的性格特征（尽管这些无疑会加强矛盾双重性）。实际上，荣格更经常在"是非二价"（bivalence）的意义上来使用"矛盾双重性"这一术语；他显然严格遵守正与负的两极性。这反映了他的思想倾向于明显全然相异的心灵元素混合后会产生比以往更加协调一致的状态的看法（参见 depressive position **抑郁位态**；opposites **两极**）。

（2）有时互相矛盾的情感种类也可以多于两种。这时荣格对这一术语的使用就反映了他的心理学说的另一方面（可能是反面）：对心灵的散碎性、多元性及流动性的兴趣。这时矛盾双重性形容的是一种人性的状况。

（3）在荣格看来，每种状态都意味着对其自身的否定，而矛盾双重性描述了这种现象。例如，心灵**能量**（energy）理论上为中性，因为对生与死同样具有效果，也可以被看作带有潜在的矛盾双重性。在前半生，心灵能量是向成长去努力；到了后半生，又朝着不同的目标前进。[1] 参见 death instinct **死亡本能**；stages of life **人生阶段**。

（4）与父母意像（参见 Great Mother **大母神**；imago **意像**）以及总体的原型意象（参见 archetype **原型**）相关时，矛盾双重性是一种必然性。

（5）矛盾双重性是世上的一种存在："自然的力量总是一体两面"；上帝也一样，正如约伯所发现的那样。[2] 生命本身，"善与恶，成功与毁灭，希望与绝望，相互抵消、相互平衡"[3]。这一普适主题最有力的代表就是赫尔墨斯/墨丘利（参见 alchemy **炼金术**；myth **神话**）。

amplification　扩充

荣格的**解释**（interpretation）［特别是对**梦**（dreams）］方法的一部分。通过**联想**（association），他试图建立一个梦的个人背景；而通过扩充，他将梦与普遍通用的意象联结起来。扩充是指使用神话、历史

---

① *CW* 5，para. 681.
② *CW* 5，para. 165.
③ *CW* 9ii，para. 24.

和文化的相似之处来澄清并丰富梦中象征的隐喻内容（参见 culture **文化**；fairy tales **童话故事**；metaphor **隐喻**；myth **神话**；symbol **象征**）。荣格将其称为"心理组织"（the psychological tissue），意象则嵌入其中。

扩充使梦者得以脱离对所梦意象纯然私人而个体化的态度。扩充强调对梦的内容采用隐喻式因而也是近似式的释义而非直译，让梦者有进行选择的准备。要做到这一点，首先要确认对于梦者来说最直接相关的事物，然后将其作为**反思**（reflection）的结果，允许更进一步的理解。我们也可以采取另一种并非由荣格专门制定的做法，即通过扩充让一个人存在于并作为原型能量的一部分，而不是原型能量的客体，去有意识地体验自己（参见下文最后一段）。

扩充的使用也有风险。其一是过度理性化。其二是意义扩散以及由此而产生的**膨胀**（inflation）。荣格的观点是，通过反思和选择，一个人能够与他自己的**无意识**（unconscious）建立一种负责而有意义的关系，并且通过这样的对话关系，来促进**自性化**（individuation）的过程。

荣格视扩充为其合成方法的基础（参见 reductive and synthetic methods **还原与合成方法**）。他指出，扩充的目的是令梦者无意识所揭露的事物变得明晰丰富，并因而使梦者看清这些事物是具有普遍通用而又独特的意义、个人与**集体**（collective）模式的一种合成。在最早期尝试建构**原型**（archetype）理论及其与扩充方法的联系时，荣格曾谈到过**分析**（analysis）过程中将个人心理系统分解为各个典型构造的需要。他表示："即使是最个体化的系统也不是绝对独一无二的，而是与其他系统有着明显的相类之处。"① 这里荣格把扩充作为拓宽构成解释的基

---

① *CW* 3，para. 413.

础。这样的说法与视现实为"全息"（holographic）的现代理念有所相似，因为扩充能同时带来不同的视角。①

analysis　分析

荣格式分析是**分析师与患者**（analyst and patient）两人之间一种长期的辩证关系，指向探索患者的**无意识**（unconscious）及其内容和进程，目的是缓解某种对意识生活之干扰已令人无法忍受的心灵状态。这类干扰可能带有神经症的特性（参见 neurosis **神经症**），或者是更深层的精神病倾向的一种表现（参见 psychosis **精神病**）。虽然由缓解干扰开始，但荣格式分析在实践中可能涉及自性化的体验，无论患者是儿童、青少年，还是已踏入人生后半阶段的成人（参见 stages of life **人生阶段**）；不过，这些体验不一定相互联结而使**自性化**（individuation）的过程得以发生。分析师在实践中对分析与**心理治疗**（psychotherapy）的区别，是基于两者的强度、深度、会面频率及工作时长，并伴以对患者的心理能力及限制的实际评估。

荣格并没有在他自己的术语定义中②包括"分析"，但他最初的方法论模式是**精神分析**（psychoanalysis）。1913 年与弗洛伊德决裂后，荣格对精神分析的结构进行了与自身经验和概念建构一致的显著改变。他的个人观点影响了他所使用的技术（例如他对"面对面"进行谈话的偏好）。后来的分析心理学家偏离荣格的做法时，便不得不重新构建理念以支持自己运用的方式（参见 analytical psychology **分析心理学**）。

---

① Wilber，1982.
② *CW* 6.

荣格与精神分析之假设的分歧可总结如下：（a）荣格将分析中所发生的大部分视为**两极**（opposites）的作用，并依此观点衍生出心灵**能量**（energy）的主张。这使得他坚持运用一种被他称为"合成"的分析方法，因为这种方法最终将导致对立之心理本源的合成（参见 reductive and synthetic methods **还原与合成方法**）。（b）虽然荣格的本意并非要去怀疑本能驱动着心灵生活，但他认为本能会不断与其他的东西"碰撞"；这种东西，因为缺乏更好的术语来形容，只好称为"精神"。他将**精神**（spirit）指为个人将以意象形式遭遇的一种原型力量。因此，荣格式分析就包括了与原型意象的工作（参见 archetype **原型**）。（c）荣格承认自己偏好"根据一个人的健康与健全之处，而不是根据缺陷来看这个人"①。这说明他在分析中采用了前瞻性观点或说是**目的论观点**（teleological point of view）。（d）荣格对**宗教**（religion）的态度是积极的。虽然这并不一定引致对宗教本身的强调，不过关注**自性**（Self）及**自我**（ego）的需求，即无疑假设了分析体验与**意义**（meaning）的发现有着密切联系。

除了这些由荣格本人阐述的差异，亨德森②还指出了以下几项：荣格对**神话**（mythology）和与神话相关的普遍模式的依赖；相比于弗洛伊德的"封闭系统分析"模式，荣格采用的是辩证式进程；荣格带来了不仅为自我服务，且可观察到是为自体服务的**退行**（regression）观点；应用一种主要为象征性的方法通过**扩充**（amplification）将我们与意象的原型来源相联系，并以这种象征性方法来分析移情/反移情现象。

荣格在 1929 年写作时列举了他认为是分析治疗"阶段"的四个方

---

① *CW* 4，paras. 773 – 774.

② Henderson，1982.

面。兰伯特[①]和 M. 斯丹[②]指出，这四个阶段不一定是连续的，而是表现了分析工作的各个方面。

这四个阶段的第一个是宣泄或清洗［参见 abreaction **释放（发泄）**］。荣格谈到这是一种历史久远的做法，即忏悔的科学应用，并将其与仪式和**初始化**（initiation）相联系。一个人将自体卸载到另一个人身上，这突破了个人防御和神经症的隔绝；由此准备了通向成长的新阶段和另一状态的道路。

荣格指出第二阶段为澄清。此阶段会揭示与无意识过程的联系，并带来态度的显著变化，让个体卷入**牺牲**（sacrifice）其意识智力的至高地位中去。

第三阶段为教育，或说是为回应新的可能性而将患者"向前吸引"，类似于精神分析理念里的修通——通过往往是漫长的**整合**（integration）过程。

第四个阶段是**转化**（transformation）。然而，我们不应该认为转化只与患者相关。分析师也必须改变或转换他的态度，以便能与改变中的患者互动。

analyst and patient　分析师与患者

荣格强调不应将分析关系视为一种医疗或技术程序。他指出，**分析**（analysis）是一个"辩证过程"，意味着双方都同样参与其中，且有双

---

① Lambert，1981.
② M. Stein，1982.

向互动。所以分析师不能简单地使用他可能拥有的任何权力，因为他和患者一样"处于"治疗中，起决定性作用的是分析师作为一个人的发展，而不是他的知识。出于这个原因，荣格创先开始为希望成为分析师者实行强制性的培训分析。① 荣格所注重的平等稍显理想主义，可能最好从分析的相互方面来考虑；在承认分析师也有情感投入的同时，也理解双方的作用相异。

在荣格的构想中，分析师以灵活的态度对待治疗的进展以及分析关系的演变。如前所述，我们需要缓和这种理想主义的形式；荣格本人对此也有贡献，即他对分析一般有四个阶段的主张。但尤为突出的一点是向患者学习并适应其**心灵现实**（psychic reality）的必要性。

从以上陈述可以看出，荣格强调的正是现在所称的分析师与患者之间的真正关系，或说治疗联盟。这与移情和反移情的区别将在下面讨论。当代的精神分析也出现了类似的运动，以分别指明"患者与分析师之间非神经症的、理性且合理的关系，以及使得患者能够有目的地在分析情境中工作的关系"②。

荣格对移情的态度有很大的差异。他一方面将移情看作分析的核心特征，无论如何都不可避免；其混合交融了崇高圣洁的与令人厌恨恶心的东西，因而有着重大的治疗用途。③ 另一方面，有时移情又被视为仅仅是激起性欲以及一种"障碍"："治疗乃是不顾移情而治，不是因为移情而治。"荣格这种分裂的态度也反映在荣格 1961 年去世后所演变出的各个分析心理学流派中。一些分析师认为对患者材料的象征性内容进行澄清更为重要，移情分析分散了对澄清的注意力。其他一些人却认为，

---

① *CW* 4，para. 536；Freud，1912.
② Greenson and Wexler，1969.
③ *CW* 16，paras. 283 - 284，358，371.

在对移情的分析中，他们可能会遇到仍在成年患者身上发挥作用的婴儿期创伤或剥夺。因此后者不寻求为"现实"去消融移情，而是允许加深移情，并与移情一同，在移情关系内工作。相较以往，这种分歧最近看来已不太明显，因为分析师们感觉到内容分析（象征）和过程分析（移情）乃是一体两面。

　　分析心理学中已然进化的移情概念与精神分析中的移情概念，两者重点大有不同。就像区分个人的和集体的**无意识**（unconscious）那样，荣格也将移情分为个人部分和原型部分。个人移情不仅包括患者与父母等过去人物的关系中投射到分析师身上的方面，还有患者的个体潜力以及**阴影**（shadow）（参见 imago **意像**；projection **投射**）。也就是说，分析师代表且为患者抱持患者尚未发展完全的部分心灵，以及患者人格中他宁愿否认的部分。

　　原型移情有两种含义。第一个方面是，这类移情投射并非基于患者关于外在世界的个人经验。例如，基于无意识的幻想，分析师可能被看作一位神奇的治愈者，或是一个十分危险的魔鬼，这种意象会拥有比源于普通经验的意象更强的力量（参见 archetype **原型**；mana personalities **玛那人格**）。

　　原型移情的第二个方面是指分析中通常可预见的事件，即分析过程本身对分析师与患者关系的作用。我们可以通过下列示意图[①]来说明这种模式。

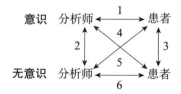

---

① *CW* 16，para. 422.

双向箭头表示双向的沟通和关联性。1指的是治疗联盟。2反映了一个事实，即在分析中，分析师既借鉴了自己的无意识来理解他的患者，也将获得使他成为一位**受伤的治愈者**（wounded healer）的经历。分析师自己的分析会在此发挥影响。3代表患者对自身问题的初始阶段的察知，这些问题被患者的抗拒以及患者对自己**人格面具**（persona）的投入所打断。4和5表示分析关系对双方参与者的无意识生活产生的影响，这是一种人格的混杂，将导致参与者面对可能带来个人变化的对立境况。6表示分析师与患者无意识之间的直接交流。最后一项假设支撑着关于反移情的各种意见（参见下文）。荣格认为，他在**炼金术**（alchemy）中为原型移情的这个方面找到了恰当而有效的**隐喻**（metaphor）。

荣格是将反移情用于治疗的先驱之一。1950年代以前，精神分析学家们认同弗洛伊德的意见，倾向于视反移情为一成不变地与神经症关联，使分析师的婴儿期冲突受到激活，对其功能造成阻碍。[①] 荣格在1929年写道："如果你不受任何影响，你也就不能施加任何影响……患者无意识地影响［分析师］……此类症状中最广为人知的一种就是由移情所引发的反移情。"[②] 总之，荣格认为反移情对于分析师来说是"一个非常重要的信息机构"[③]。荣格接受某些反移情并非良性的观点，认为它们是"心灵感染"且有认同患者的危险。[④]

荣格对反移情的这种兴趣，在当代分析心理学中的影响不断加深。福特汉姆[⑤]提出，分析师可能与患者的内在世界过于合拍，以至于会出现一些感受或行动——这些感受和行动，通过后来了解，分析师可以发

---

① Freud, 1910, 1913.
② *CW* 16, para. 163.
③ 同上。
④ *CW* 16, paras. 358, 365.
⑤ Fordham, 1957.

现只是患者的心灵内在过程投射于分析师的一种延伸。福特汉姆称此为"谐振"（syntonic）反移情，并将其与"虚幻"（illusory）反移情（意思是分析师对患者的神经症式反应）相对比。这种看法的核心，以及其与当代精神分析的相似性在于，分析师与患者的情绪与行为同样要受到审视。[①]

荣格对患者的**退行**（regression）的态度值得一提。他认为，分析可能必须支持退行到一种非常原始的活动形式。在这样的退行之后，心理成长可能会恢复。这与弗洛伊德更为严厉的态度形成了对比；后来的精神分析学家们已不再沿用这种态度。[②]

analytical psychology　分析心理学

1913 年荣格离开精神分析运动后，使用了"分析心理学"这一术语，来表示他认为自**精神分析**（psychoanalysis）演变而来的一门全新心理科学。当他站稳脚跟后，他比较了弗洛伊德的"精神分析法"和阿德勒的"个体心理学"，并表示更乐于将自己的主张称为"分析心理学"——意在以此概括包含前两者以及其他相类之概念。

在 19 世纪初，分析研究的初期，布洛伊勒曾建议使用**深度心理学**（depth psychology）一词，来表示这种心理学关注的是心灵更深层次的区域——**无意识**（unconscious）。荣格认为"深度心理学"有所局限，因为早在当时他已看到自己的方法是象征性的，且与意识和无意识同样相关（参见 symbol **象征**）。托妮·沃尔夫（Toni Wolff）所用的"情结

[①]　参照 Heimann，1950；Langs，1978；Little，1957；Searles，1968。

[②]　Balint，1968.

心理学"目前已再不使用，因为它所强调的部分在荣格的概念化中虽然重要，却也有限。

荣格一直宣称他的心理学是一门基于实证的科学。因此，分析心理学在当今的普遍使用中，既欢迎理论、著作和研究，也重视心理治疗实践。荣格分析师的国际专业协会称为国际分析心理学会（IAAP）。

荣格对理论和方法的著述现已编集于二十卷《荣格全集》，以及独立出版的书信集、回忆录、访谈、传记著作等。分析心理学中各个主要概念的简短定义或简要记录均收于 1921 年出版的《心理类型》。其中的定义有：**心灵能量**（energy）——荣格认为心灵能量源于本能，除此之外可与物理能量相比，且受同一原则支配，但心灵能量不仅是起因，也是目标所在；**无意识**（unconscious）——被看作与**意识**（consciousness）互补，并且起到资料库的功能，保存从前的个人经历以及普遍通用的意象（参见 archetype **原型**；symbol **象征**），这指向无意识向意识传达自己的方式，并且揭示了以**情结**（complex）的方式隐藏于和激励个体且明显可见于态度、行动、选择、**梦**（dreams）以及疾病的潜在意象；人类**心灵**（psyche）——集簇于可识别为**人格面具**（persona）、**自我**（ego）、**阴影**（shadow）、**阿尼玛与阿尼姆斯**（anima and animus）、**智慧老人**（wise old man）、**大母神**（Great Mother）以及**自性**（Self）的子人格或原型表现（参见 personification **拟人化**）；**自性化**（individuation）——人的一生中会引导他走向其基本整体性表现的人格统一的过程。基于以上基本规则，发展出了使用合成与解释方法而非还原方法的心理治疗（参见 analysis **分析**；analyst and patient **分析师与患者**；reductive and synthetic methods **还原与合成方法**）。

荣格在宗教心理学领域亦著述甚丰。在他生命中的不同时期，他曾对超自然现象、个体的**类型学**（typology）、**炼金术**（alchemy）以及其他更广为人知的文化主题感兴趣。因此，分析心理学已成为一个用途广泛且具专业意义的术语。

androgyne　阴阳同体

一种心灵**拟人化**（personification），其中男人与女人保持着有意识的平衡。在这个形象中，男性和女性原则联结，但各自的特性没有合并。荣格视为象征炼金过程最终产物的正是这种隐喻性的阴阳同体，而不是无分化的**雌雄同体**（hermaphrodite）。因此，阴阳同体的**意象**（image）是与分析相关的，尤其是在涉及与**阿尼玛与阿尼姆斯**（anima and animus）的工作中。在炼金术论著中，不仅有引用阴阳同体的形象，还可常见此形象的插图（参见 alchemy **炼金术**）。荣格不止一次将注意力引向历史人物耶稣；在他身上，**性分化**（differentiation）的张力和极性通过阴阳同体的互补性和统一性得到了解决。

关于阴阳同体，辛格①所进行的研究最为全面。参见 *coniunctio* **精合**；gender **性别**；sex **性**。

anima and animus　阿尼玛与阿尼姆斯

男人内在具有的女性形象，和作用于女人心灵的男人形象。虽然展现方式不同，阿尼玛与阿尼姆斯仍拥有一些共同特征。两者都是心灵**意象**（image），且都是从一个基本原型结构所产生的组态（参见 arche-

---

① Singer，1976.

type 原型）。作为男人的"女性化"方面及女人的"男性化"方面的基底形态，它们被视为**两极**（opposites）。作为心灵的组成部分，阿尼玛与阿尼姆斯潜于意识之下，在无意识心灵内部发挥功能；因此它们对意识有益，但也能通过**占据**（possession）危害意识（参见下文）。它们参照一个男人或一个女人主导的心理原则行事，但不像经常提及的那样，只简单地作为男性化或者女性化的另一性心理对应面。它们起着**引灵者**（psychopomp）的作用，并且可以与创造的可能性产生必要联系以及成为**自性化**（individuation）的工具。

由于与原型的联系，阿尼玛与阿尼姆斯已有许多**集体**（collective）形式和形象的表现：前者有爱神阿芙洛狄忒、战争与智慧女神雅典娜、特洛伊的海伦、圣母玛利亚、智慧化身萨匹恩提亚（Sapientia）和比阿特丽斯（Beatrice），后者有信使之神赫尔墨斯、太阳神阿波罗、大力神赫拉克勒斯、亚历山大大帝、罗密欧。阿尼玛与阿尼姆斯的投射作为公众人物，也作为朋友、恋人、随处可见的平凡夫妻，吸引我们的注意力并引起炽烈的情感。我们将它们作为配偶，与它们在梦中相见。作为**心灵**（psyche）的拟人化部分，它们与生命相连，并使我们牵涉其中（参见 personification **拟人化**）。这两种意象的完全实现和整合需要与异性的伴侣关系。认识到并解开**分析师与患者**（analyst and patient）之间这种**阴阳并存**（syzygy）的纠缠，是**分析**（analysis）的一项首要任务。

荣格在其定义中①将阿尼玛/阿尼姆斯总结为"灵魂意象"。后来他阐明了这一说法，称阿尼玛/阿尼姆斯为"非我"。对于一个男人来说，他的非我最有可能与某些女性化的事物对应，并且因为这是非我，即在他自己之外，也属于他的灵魂或精神。阿尼玛（或阿尼姆斯，视情况而定）是生发在一个人身上的一个因素——一个男人的心境、反应、冲

---

① *CW* 6.

动，一个女人的承诺、信仰、灵感的先验元素——且对于男女都能促使他们看清心灵生活中任何自发的和有意义的东西。荣格断言，在阿尼姆斯背后，有着"意义的原型，正如阿尼玛是生命本身的原型那样"①。

这些概念是由实证得出的，并使荣格得以连贯地解释很多可观察到的心灵现象，并在与接受分析者工作时更进一步分化它们。在分析中，阿尼玛或阿尼姆斯的分离与使**阴影**（shadow）能被意识到的初步工作是密切相连的。这些原始意象展示了半意识的心灵**情结**（complexes）；此类情结具有自动性，在很大程度上独立于**拟人化**（personifications），会通过与日常世界的接触变得坚实、增加影响力，直至最终达到**意识**（consciousness）。荣格警告道，对于这种内在形象，不应只将其概念化（从而失去与阿尼玛/阿尼姆斯作为生命力的联系），也不应采取否认此类形象之**心灵现实**（psychic reality）的方式进行工作。

受阿尼玛或阿尼姆斯占据，人格会以突出那些被视为异性的心理特质的方式发生转变。无论哪一种，都会使人首先失去个性，继而失去魅力和价值。在男人身上，他受阿尼玛与**厄洛斯**（eros）原则主导，且有躁动、滥交、喜怒无常、多愁善感等意图——任何可被描述为不受约束的心境。臣服于阿尼姆斯和**逻各斯**（Logos）的权威的女人好管控、顽固、无情、霸道。两者都变得片面。他会受庸劣的人诱惑并建立毫无意义的依恋；她则会被二流的思想蒙骗，在与己无关的信念旗帜下前行。

以非专业术语的说法来讲，荣格表示当阿尼玛作为一本小说的人物或一个电影明星出现时，男人总能很快接受她。但当要把她作为在自己的生活中发挥作用的一员来看待时，事情就完全不一样了。

---

①　*CW* 9i，para. 66.

如果荣格对阿尼姆斯有与以上相对应的说法，他可能会说直到最近，女人一直都太过轻易且乐于让男人为她们战斗，暗中希望会有骑着白马的骑士前来拯救。但现在已到了她们接受自己的位置的时候——她不是像男人一样，而是与男人并肩而立，这就是另一回事了。女人想要享有平等的地位，但同时又渴望忠于自己作为女人的身份——她们已经接受了她们才是自己生活的真正主宰，并揭示了自己的权威来源。

希尔曼①曾探讨并阐释过阿尼玛心理学。他坚持认为阿尼玛是整个西方文化无意识的拟人化，并且可能正是能让我们想象力尽情释放的意象。

对于阿尼姆斯，尚未见有上述深度的当代研究。此外，由于受阿尼姆斯占据而表现出的内涵同样可以描述女性先锋在男性主导的社会中的特点，相较于后天取得的负面阿尼姆斯，极少有人注意到所谓正面或自然的阿尼姆斯的心灵干预。②

anxiety　焦虑

在荣格对这一术语的使用中，其赋予的不同特征为：（a）并非所有的焦虑都具有性基础（参见 psychoanalysis **精神分析**）；（b）通过把一个人的注意力引向非其所欲的事态，焦虑也可以拥有积极的方面；（c）焦虑可被视为对察知到痛苦的回避。

---

① Hillman，1972，1975.
② Ulanov，1981.

毫无疑问荣格并未妥当地处理**自我**（ego）为抵御焦虑而运用的各种防御过程。部分原因是他将"自我"与"**意识**"（consciousness）相等同，亦即意味着他没有考虑到自我结构的某些部分本身就是**无意识**（unconscious）的可能性；而对付焦虑的正是这些无意识的自我防御。而且，因为荣格坚持某个特定**情结**（complex）的内容比我们给这个情结的命名更重要，他的著述中也没有类似于弗洛伊德对不同类型焦虑的讨论的内容。对于荣格来说，焦虑总是有着属于个人的解释和意义。

apperception　统觉

新的心灵内容（认识、评价、直觉、感官知觉）以能被理解或变得清晰明确的方式描述清楚的过程。这是一种内在精神力，代表注意并做出回应的**心灵**（psyche）所感知到的外在事物；因此其结果总是融合了个人体验和原型**意像**（imago）、现实与幻想的混合物（参见 archetype **原型**）。

荣格区分了统觉的两种模式：*主动和被动*。主动统觉由**自我**（ego）发动，主体是有意识地决定要去理解一个新内容。被动统觉则是在某个内容闯进主体意识中并强迫其理解时发生的，正如梦通常发生的那样。但无论是主动还是被动，统觉的过程都相同：涉及主体情愿或不情愿地参与，并要求**反思**（reflection）。荣格还确定了直接和间接统觉的状态对应于理性自我或非理性幻想在运作中的参与程度（参见 directed and fantasy thinking **定向和幻想思维**）。

archetype　原型

心灵（psyche）中继承的部分；与**本能**（instinct）相连的心理表现的结构模式；一个假设性的实体，本身无法展现，只可见其表现形式。

荣格的原型理论经过了三个阶段的发展。他在 1912 年写到他在患者的无意识生活中，以及他自己通过自我分析所认识到的原始意象。这些意象类似于古往今来到处反复出现的母题，但其主要特点是它们的超自然性、无意识性和自主性（参见 numinosum **圣秘敬畏**）。一如荣格所设想的，集体**无意识**（unconscious）能促成这样的意象。1917 年时他已经写到心灵中的非个人主导或结点——它们吸引能量，并影响人的机能。1919 年，荣格首次使用术语原型，主要是为了避免暗示其在于内容，而非无意识和无法展现的轮廓或模式。他还提到原型本身是要与可以由人实现（或意识到）的原型**意象**（image）清楚区分的。

原型是一个心身性的概念，连接着身体与心灵、本能与意象。这对于荣格来说很重要，因为他并不把心理学和意象视为反映了或是关联于生物驱力。他关于意象唤起本能目标的说法暗示，这两者应当享有平等的地位。

原型可从外部行为中识别，特别是那些围绕人生基本及普遍经验的行为，如出生、婚姻、母性、死亡和分离。原型还遵循人类心灵本身的结构，与内在或心灵生活有着可观察到的关系，并通过**阿尼玛**（anima）、**阴影**（shadow）、**人格面具**（persona）等内在形象来显露自己。理论上来说，可以存在任何数量的原型。

原型模式在人格中等待着显现的时机，它们变幻无限的能力取决于个体的表达和传统或文化期望所加强的魅力；也因此带有一股难以抗拒［一个人抗拒的能力取决于他的发展阶段和**意识**（consciousness）状态］、具有压倒性潜力的强大能量。原型激起**情感**（affect），使人对现实盲目并占据**意志**（will）。原型式的生活即为无限制的生活［**膨胀**（inflation）］。不过，对某样事物做出原型式的表达，则可能是有意识地以允许固有的两极——过去和现在，个人和集体，典型的和独特的——有机会互动的方式，去和**集体**（collective）的历史意象交流（参见 opposites **两极**）。

所有的心灵意象都在一定程度上参与了原型意象。这就是为什么梦和许多其他心灵现象有超自然性。原型行为在**自我**（ego）最弱势的危机时刻最为明显。在**象征**（symbols）中可发现原型特质，这也是原型特质具有魅力、应用性及其反复出现的部分原因。**神**（gods）是原型行为的**隐喻**（metaphors），**神话**（myths）则是原型性的**表现**（enactments）。原型既不能被完全整合融入，也不能以人的形态生活。分析涉及对一个人生活中的原型维度持续增长的察知。

荣格的原型概念基于柏拉图思想的传统，认为原型存在于神的心智中，并作为人类界域中所有实体的模型。康德的先验感知范畴和叔本华的原型（prototypes）也是前例。

荣格在 1934 年写道：

> 无意识的基底原则，即原型（*archetypoi*），因其参照的丰富程度，虽然可以被认出，但是无法描述。辨别性的理性自然会一直尝试建立它们自己的单一性意义，从而忽略了重点；因为我们首先可以确立的一件与其性质相符的事，就是这些基底原则**多样合成的**意义以及它们几乎无限丰富的参照物，使它们不可能从任何方面去

A

单一概括。[1]

艾伦伯格[2]指出，原型是荣格和弗洛伊德在定义无意识的内容与行为时三大主要概念差异之一。继荣格之后，诺依曼[3]观察到原型在每一代人身上反复出现，但同时也基于人类意识的扩大获得了不同形态的历史记录。原型心理学流派的创始人希尔曼援引原型的概念为荣格最根本的研究成果，称这些心灵运作中最深刻的前提描绘了我们如何看待世界并与其发生关联。[4] 威廉姆斯[5]则认为，由于原型结构在没有个人经历来充实的时候只有一个框架，个人层面与集体层面的经历或无意识分类之间的区别可能稍显学术性。

当今的精神分析中也存在先天心理结构的概念，尤其是在克莱因流派中——艾萨克斯（Isaacs）的无意识幻想、比昂（Bion）的前概念（preconception）以及蒙尼-凯里的学说。[6] 荣格的原型理论也可以与结构主义思想相类比。[7]

随着原型这个术语使用得越来越多，我们经常可见对此现象的提及，如"父性原型上的一个必要转变"或是"转变中的女性原型"。这个词在 1977 年被列入丰塔纳《现代思想辞典》（*Dictionary of Modern Thought*）。生物学家谢尔德雷克[8]发现，荣格的描述与其"形态发生场"（morphogenetic fields）理论有所关联。

CW 9i，para. 80.
Ellenberger，1970.
Neumann，1954.
Hillman，1975.
Williams，1963a.
参照 Money-Kyrle，1978。
Samuels，1985a.
Sheldrake，1981.

association 联想

念头、感知、意象、幻想根据特定的个人和心理主题、母题、相似性、对立性或因果关系发生的自发联结。这个词可以指代做出这种联结的过程（即通过联想），也可以特指这一联结链条中的某一项（即一个联想）。荣格和弗洛伊德在释梦时对联想的用法不同；荣格在其职业生涯初期，曾使用**字词联想测试**（word association test）对联想进行过广泛研究。

无论如何自由进行的联想，都是按心理上有意义的顺序结合而成的。19 世纪末发展出的研究方法取得的这一发现，让弗洛伊德在释梦时得以使用"自由联想"，也使荣格运用字词联想测试来进行其应用研究。这项实验为荣格的**原型**（archetype）理论奠定了基础。在作为分析师的整个职业生涯中，荣格一直使用自己的联想技术来进行**梦**（dreams）的**解释**（interpretation）。

弗洛伊德对癔病的初期研究使其断定：（a）无论是有意还是无意，随机或自由联想总是指向人生早期经验，以便形成记忆网络；（b）这些网络或系统是组织成念头的复合体，它们以某种方式从精神体中剥离，使得对一连串联想中的任何特定联想的意识，不一定意味着对整串联想作为一个整体的心理意义有所意识；（c）任何元素或联想的力量或者能量都聚集在一个中央结点周围；（d）一个人自身心理中特定的心灵冲突背后有着上述因素。

荣格学习了这些想法；在伯格霍兹里（Burgholzli）精神病院工作期间（1900 年至 1909 年），他进行字词联想测试的主要目标是探索并分析**情结**（complex）。这一关注点后来引出了将他的研究称为"情结心理学"的建议（参见 analytical psychology **分析心理学**）。最初，荣格使用联想方式来探究他的兴趣所在。这样做的主要成果是验证了联想、**情感**（affect）和**能量**（energy）负荷之间的联系。

虽然荣格很快就放弃了实验研究，但他仍以"谨慎、有意识地说明客观上分组围绕着特定意象、相互联结的联想"为目标，继续研究并完善对联想的理解。[①] 这些见解后来被应用到他的释梦方法中，并成为其不可或缺的基础。他将联想之网描述为一个梦自然而然嵌入其中的心理背景。

荣格认为，根据患者自己的联想和根据理论进行的解释相反，因为前者需要最为谨慎持续地专注于一个人的个人联想网络。他把这样的解释工作比作翻译一篇让人进入一个秘密或戒备森严的领域（即人自身的心灵领域）的文本。当遇到抵抗和阻碍时，荣格的方法是一次又一次返回患者既有所知觉又未察知的、围绕**意象**（image）的联想，而不是去解释障碍。通过这种方式，他力求使梦意象的个人情感背景得到意识（参见 imago **意像**）。

荣格对联想的研究主要是为了建立其原型理论；但在**心理治疗**（psychotherapy）上，他表示目标并非原型的知识，而是个体的情结。在**分析**（analysis）中，可以通过**扩充**（amplification）的方法，应用普遍通用的主题来拓宽联想。这可以被看作扩展联想过程以涵括历史、文化及神话背景，通用的原型模式以及个人情结都能由此在联想的过程中变得明显（参见 myth **神话**）。

---

① *CW* 16，para. 319.

Assumption of the Virgin Mary，Proclamation of Dogma
圣母玛利亚升天教义宣言

教宗庇护十二世于 1950 年宣布，圣母玛利亚在结束她的尘世生活后，身体与灵魂一起被接进天堂，此为教义真理。

荣格十分乐于接受这一宣言。他由此看到了基督教版本的母亲**原型**（archetype）被拔升到教义的地位。① 他感到大众的想象早已为这一步准备好；自中世纪以来，尤其是在宣言发表前的一个世纪里，它就通过选择性的**幻景**（visions）和所谓的启示一再加强。这类现象对于他来说代表原型实现自身的冲动，而这种冲动在此情况下最终不可避免地体现为教宗有意识地颁布了这份诏书。

荣格认为这一宣言也可以被视为在人类的精神和心灵遗产都受到湮灭之威胁的时候，对物质的一种认可和确认。这在他看来基本为男性化的三位一体象征性地增加了第四位，即女性化的原则。初始并非为圣的圣母玛利亚代表**身体**（body），她的存在因而治愈了物质与**精神**（spir-it）这一对立**两极**（opposites）之间的分裂。她被视为协调者，通过神圣**意象**（image）满足了女性化的**阿尼玛**（anima）在人的心灵中承担的角色。荣格表示，圣母玛利亚的存在将异质的、不适应的因素团结为一个**整体性**（wholeness）的单一意象。

---

① *CW* 9i，para. 195.

B

body 身体

荣格的著作中，对身体的描述是存在悖论的。一方面，身体被看作是独立自主的，有其自身的需求、欢愉和问题。另一方面，身体又被视为与心智，或者说与**精神**（spirit）、**心灵**（psyche）密不可分。

荣格关于**原型**（archetype）的后期理论主张心身联结的看法。原型可以被看作身体［**本能**（instinct）］和心灵［**意象**（image）］的联结。本能和意象具有相同的**类心灵**（psychoid）根源。因此荣格认为他的看法并非贬低，而是重新审视了身体的价值，并为个人与**集体**（collective）心理的关系带来了新的取向。

上述这种新取向可以通过身体并以身体来表达；因为身体为人类所共有，也就能够将其视为集体无意识（unconscious）的核心所在。① 后来的作者②对荣格的意见十分重视，并试图将原型置于旧时说法所谓的"爬行动物"脑（丘脑和脑干）中去。罗西③也认为原型在身体中的位置处于大脑右半球。

荣格自己的重点有所不同。身体可以被认为"心灵的现实物质"的

---

① Stevens，1982.
② 例如 Henry，1977。
③ Rossi，1977.

一种表达。① 身体所做的、所经历的、所需要的，都反映了心理上的必要性。于是，身体也可以被看作一个"微妙的主体"。身体意象心理导入的其中一个例子可见于复活或**重生**（rebirth）的母题。另一个例子是性意象都各有心理意义（参见 androgyne **阴阳同体**；incest **乱伦**；infancy and childhood **婴儿期与童年**）。

阴影（shadow）的许多方面都集中在身体上。关于这一点，荣格描写过"基督徒的否认"。他探讨了本能的生活意味着什么，结论为：如果一个人试图完全依靠身体需求来生活，那么他必定会无意识地陷入精神的控制之中。荣格认为，尼采和弗洛伊德都符合这一描述。接受身体而不受其驱使或强迫是与这不同的做法——对于心理成长和自性化也是绝对必要的。

当代分析心理学家则强调婴儿管理身体冲动、与母亲相互调和并让母亲理解自己的能力和婴儿对自身和**自性**（Self）不断发展的态度之间的联结。②

brain　大脑

参见 body **身体**。

---

① *CW* 9i, para. 392.
② Newton and Redfearn, 1977.

C

catharsis 宣泄

参见 abreaction **释放（发泄）**；analysis **分析**。

causality 因果关系

参见 aetiology（of neurosis）**（神经症的）病因**；depth psychology **深度心理学**；reductive and synthetic methods **还原与合成方法**；synchronicity **共时性**；teleological point of view **目的论观点**。

circumambulation 周行

周行不仅意味着环绕运动，更是围绕一个中心点标记出一处神圣的界域。在心理意义上，荣格将其定义为集中且占据一个作为圆心的点。荣格通过**扩充**（amplification）将其视为轮子的母题，这对于他来讲意味着**自我**（ego）包含在**自性**（Self）这一更宽广的维度中。[①] 他发现，这一过程同样体现在弥撒的转化象征以及佛教的**曼荼罗**（mandala）中。荣格将顺时针运动解释为意识的方向，而逆时针周行则是朝向**无意识**（unconscious）的螺旋向下。

环行（*circumambulatio*）是一个炼金术语，也指聚集在创造性变革之处或中心。明确界定出的圆圈，或称**神圣空间**（temenos），是隐喻**分析**（analysis）中为了经受**两极**（opposites）相遇而产生的张力、防止精神破坏和解体随之而来所必需的容器。彰显无意识过程的**梦**（dreams）可以被观察到在围着一点绕行或打转。诺依曼[②]将其作为心灵**整合**（integration）的一条原则运用时，以中心运动（centroversion）一词来取代周行。

collective　集体

与一人形成对比的众人。从精神分析运动的先行者们所做出的对**意识**（consciousness）和**无意识**（unconscious）的区分中，荣格发展出了自己的理论：集体无意识是人类精神遗产以及心灵可能性的知识库（参见 archetype **原型**）。他视集体为个体的对立面；个体必须将自己从集体中区分出来，也必须将收有自己可能曾在某时表达、适应或影响的一切的资料库区分出来。

一个人越接近成就自身，即越服从于**自性化**（individuation），他就越清晰地异于集体的规范、标准、戒律、习俗和价值观。虽然他作为**社**

---

① *CW* 9ii，para. 352.
② Neumann，1954.

会（society）和特定文化（culture）中的一员参与集体，但他仍是一个独特的组合，包含集体作为一个整体所固有的潜能。荣格认为，这样的成长和分化是本能的及必要的。虽然荣格以实证支持了他的主张，但他的立场也使得他在这一论点上采用了**目的论观点**（teleological point of view）。

当集体被视为心灵可能性的知识库时，它是一股庞大的力量，能够培育并助长夸张自负的妄想和群体性精神病。荣格认为，对集体理想的**认同**（identification）是个体性的反面，且会导致**膨胀**（inflation），最终引致妄自尊大。因为群体作为一个整体无法具有意识，他相信个体才是变革的真正载体。

collective unconscious　集体无意识

参见 archetype **原型**；collective **集体**；unconscious **无意识**。

compensation　补偿

荣格宣称，他在心理过程中找到了一种有实证依据的补偿功能。这相当于在生理领域可观察到的生物体的自我调节（稳态）功能。补偿意味着平衡、调整、补充。他认为，**无意识**（unconscious）的补偿性活动与**意识**（consciousness）层面任何片面性的倾向一样平衡相当。

受个人意识取向压抑、排斥、禁止的内容退入无意识，并在无意中形成意识的反极。这一反位随着意识态度的凸显而加强，直至干扰意识活动本身。最后，受压抑的无意识内容聚集起足够的能量，以**梦**（dreams）、自发**意象**（images）或症状的形式冲破禁制。补偿过程的目标似乎是作为一座桥梁连接这两个心理世界。这座桥梁就是**象征**（symbol）；不过，象征必须被意识心智承认和理解，即吸收与整合，才能发挥效果（参见 ego **自我**；transcendent function **超越性功能**）。

通常情况下，补偿是一种无意识对意识活动的调节；但若受到神经症的干扰，出现在意识状态中的无意识会有极端鲜明的对立，使补偿过程本身遭到破坏（参见 neurosis **神经症**）。如果心灵有不成熟的方面遭受严重压抑，无意识内容会淹没意识的目的、摧毁它的意图。"因此，分析治疗的目的是实现无意识内容，以重新建立补偿。"① 参见 analysis **分析**。

无意识立足于补偿的角度，因此总是出人意料，且与意识采取的观点相异。正如荣格所写："每一个越界的过程，都立即且必然引出补偿。"②（参见 enantiodromia **物极必反**）因此，我们既可以在像婴儿大发脾气这种明显的表现中发现补偿的证据，也可以在像**分析师与患者**（analyst and patient）的关系那样相对复杂的表现中看到。对此，荣格观察到："与分析师之间强化了的纽带，是患者对现实的错误态度的补偿。这条纽带就是我们所说的移情。"③

荣格进一步扩展以上原则并将其应用于集体后，在**炼金术**（alchemy）中也发现了对中世纪基督教所表达观点的补偿形式。炼金术可以被看作一种填补（即补偿）由传统宗教留下的空白的努力。出于这个原

① *CW* 6，para. 693ff.
② *CW* 16，para. 330.
③ *CW* 16，para. 282.

因，分析师必须小心谨慎，不要无差别地应用炼金术的象征，又或是认为炼金术的象征是无一例外地贴切相关，尤其是在有可能出于**集体**（collective）意识变化的显著进步的情况下。至于**自性化**（individuation），一个人必须判断补偿性内容是与自己的个性相关，还是仅仅为了平衡两极尺度上的另一端。

在苏黎世荣格学院成立时所发表的讲话中，荣格希望未来的分析师们对精神病人和罪犯的补偿过程，以及总的来说，对补偿的目标及其指导性的本质进行研究。[①] 这个建议并未被广泛接受。[②]

complex   情结

情结的概念建立于对"人格"整体思想的反驳。我们从经验中知道，我们有许多个自体（参见 Self **自性**）。虽然这远远不能等同于将情结看成心灵中的自治体，但荣格仍断言"情结如独立的生命般行动"[③]。他还辩称："片段零碎的人格和情结之间没有原则上的区别……情结即心灵的碎片。"[④]

一个情结是意象和念头的集合，簇拥在源于一个或多个原型的核心周围，并具有一致的情绪基调。当情结开始发挥作用（成为"集群"）时，无论一个人是否意识到它们，都会带有**情感**（affect）、影响行为。情结在分析神经症症状时尤其有用。

---

① *CW* 18，para. 1138.
② 但也可参见 Perry，1974；Kraemer，1976；Guggenbühl-Craig，1980。
③ *CW* 8，para. 253.
④ *CW* 8，para . 202.

情结的概念对于荣格来说非常重要，以至于他曾一度考虑将他的学说定名为"情结心理学"（参见 analytical psychology **分析心理学**）。荣格将情结指为"通往无意识的必经之途"，同时也是"梦境建造者"。这表明，**梦**（dreams）和其他象征性的表现是与情结密切相关的。

这个概念使荣格得以将个体各种经验中的个人和原型部分联系起来。此外，如果没有这样一个概念，我们就很难表述经验到底是如何建立的，心理生活也会变成一系列毫无关联的事件。再者，根据荣格所论，情结还会影响记忆。在"父亲情结"中，不但保存着父亲的原型形象，还有所有随着时光推移与父亲互动的合集（参见 imago **意像**）。因此，父亲情结会影响对现实的父亲早年体验的回忆。

因为有原型的方面，**自我**（ego）也就位于自我情结，以及个体的意识与自我意识的个人化发展史的中心。自我情结与其他情结之间的关系往往将其卷入冲突。这时就会有自我情结或者其他情结分裂开去主导人格的危险。一个情结可能压倒自我〔如在**精神病**（psychosis）的情况中〕，或者自我也可能认同情结（参见 inflation **膨胀**；possession **占据**）。

同样重要的是，我们要记住情结是很自然的现象，可以沿着积极或是消极的方向发展。情结是心灵生活的必要成分。只要自我能够与情结建立一种可行的关系，个性就会变得更丰富、更多样化。例如，随着对他人看法的转变，个人关系的模式也可能会改变。

从 1904 年到 1911 年间，荣格通过**字词联想测试**（word association test）来发展他的想法（参见 association **联想**）。心理电流计在测试中的使用意味着情结根植于身体，并会在身体上表达出来（参见 body **身体**；psyche **心灵**）。

虽然情结的发现作为对**无意识**（unconscious）概念的实证；对于弗洛伊德来说有相当大的价值，现在却鲜有精神分析学家使用这一术语。不过，精神分析的不少理论还是运用了情结的概念，尤其是结构理论——自我、超我和本我就是情结的例子。其他治疗体系，如沟通分析和格式塔疗法，也将患者的心理再做细分，以及/或者鼓励他与自己相对独立的部分对话。

有些精神分析评论家认为荣格强调情结的自主，正是证明了他自身有严重的精神障碍。[①] 其他评论者则肯定了荣格的看法，指出"一个个人是一个集体的名词"[②]。

在分析中，可以利用情结所引起的**拟人化**（personification）；患者可能为自己的各个部分"命名"。当前对情结理论的兴趣，则是源于情结在描述人生初期的情绪事件在成年心灵中如何固定并运作时极有效用。最后，"心灵碎片"这一想法与目前对**自性**（Self）概念的重修也相关。

coniunctio 精合

相异的物质联合的炼金术象征，以诞生新元素为结果的**两极**（opposites）之婚媾。它由一个重组了两种对立性质的属性，而表现出更伟大的整体性潜力的孩童来象征（参见 alchemy **炼金术**）。

从荣格的观点来看，精合是炼金过程的中心思想。他本人认为这是

---

① Atwood and Stolorow，1979.
② Goldberg，1980.

一个心灵运作的**原型**（archetype），象征着两个或更多**无意识**（unconscious）因素之间关系的模式。由于这种关系一开始对于感知性的心智来说无法理解，精合能够产生无数的象征**投射**（projections，即男人和女人、国王和王后、公狗和母狗、公鸡和母鸡、太阳和月亮）。

由于精合象征着心灵过程，随后而来的**重生**（rebirth）和**转化**（transformation）也在心灵中发生。像所有的原型一样，精合代表两极的可能性：一极为正，另一极为负。因此当它发生时，死亡与失去和重生一样都是这一体验中固有的。将精合带入意识意味着救赎回人格中先前为无意识的一部分。但荣格也提醒我们，"它能带来的效果很大程度上取决于意识心智的态度"。通过使用态度一词，荣格暗示所需的是自我位置的更新，而不是采取与所发生的象征一一对应的外在行动。

根据荣格所述，炼金术士最终追求的是"形式与物质的联合"。每一次潜在的精合都合并了这些元素。炼金术士没能将身体与灵魂区分开来，于是与身体精合的意象，一则能够使身体变为灵魂的形式，一则能将**灵魂**（spirit）吸引进入身体。在**分析**（analysis）的情境中，前者可能导致膨胀，使关系成为圣婚，或说神的婚姻；后者可能变为性**表演**（acting out）（参见 incest **乱伦**）。

像精合这样的象征指向神秘的心灵内在过程，因此拥有特殊的魅力。它们对合理的说明和解释造成困扰，并诱使治疗师或患者采取字面意义的观点。不过，精合是作为一个目标的象征出现的；它作为一个目标是无法达到的。精合的意象对**分析师与患者**（analyst and patient）是十分有用的指引，但不能将这些意象视为内在旅程的目的地。

consciousness　意识

要理解荣格的心理学说，这是最重要的概念之一。意识和**无意识**（unconscious）之间的区别在精神分析的探究初期已经是人们关注的焦点，但荣格通过假设集体无意识和个人无意识同样存在、给无意识分配一个与意识相关的补偿功能（参见 compensation 补偿）以及认识到意识是人性及成为个体的一个先决条件，进一步推进和完善了这一理论。意识与无意识被认定为心灵生活根本的**两极**（opposites）。

荣格对意识的定义突出了意识与无意识的两分法，并强调**自我**（ego）在意识感知中的作用。

> 通过意识，我在自我所感知的范围内理解了心灵内容相对于自我的关系。与自我的关系，如果未被这样感知，就是无意识的。意识是活动的机能，维持着心灵内容与自我的关系。①

作为一个基础的工作理念，意识得到了广泛的应用，由此也招致了误解。此意义中的感知不是理性化的结果，不能单靠心智来实现；它并非思维过程的产物，而是心灵过程的结果。荣格在不同时期曾将意识等同于觉察、直觉还有**统觉**（apperception），且强调其中的**反思**（reflection）功能。达成意识似乎是以下过程的结果：认识、反思并保留心灵体验，使个体将心灵体验与他所学到的结合起来，以感受它的相关性，并感应它在他生活中的意义。与此相反，无意识内容未经分化，并没有澄清什么属于或不属于个体本身。**分化**（differentiation）"是意识的精髓，是意识的必要条件"②。**象征**（symbol）被视为无意识的产物，指

---

① *CW* 6，para. 700.

② *CW* 6，para. 339.

的是能够进入意识的内容。

　　荣格认为自然的心智是未经分化的。意识心智有区别的能力。因此，意识始于对**本能**（instincts）的控制，使人类能以有序的方式去适应。但**适应**（adaptation）与控制天然和本能的行为可能有危险，从而导致与更黑暗、更为非理性部分失去联系的片面性意识（参见 shadow **阴影**）。

　　从意识中所分离的任何内容，都会成为独立且不可控制的并从**阴影**（shadow）深处树立起的负面形象，这使得荣格感到意识的片面性正是西方人的现状。这种片面性可见于他的患者的神经症，也可见于**集体**（collective）的心灵传染病，如战争、迫害及其他形式的大规模镇压（参见 neurosis **神经症**）。所谓的启蒙时代强调意识心智的理性态度，将思想启蒙视为至高的洞察力，因而最具价值，但其整体性却严重危害人类的生存。"一个膨胀的意识总是以自我为中心，且除了其本身存在以外，意识不到任何事物。"① 奇怪的是，这将导致从意识到无意识的**退行**（regression）。只有当意识再度考虑到无意识时，才能恢复平衡（参见 compensation **补偿**）。

　　不过，尽管存在风险，但我们不应当也必然不能摈除意识。摈除意识将导致无意识力量泛滥成灾，破坏或抹杀文明的自我（参见 enantio-dromia **物极必反**）。意识心智的标志是辨识力；若要察知事物，必须分离**两极**（opposites），因为在自然环境中两极是彼此融合的。然而一旦分离，所分出的两方又必须有意识地相互关联。

　　荣格的心理学奠基于**自性化**（individuation）为心灵所必需这一预设，又得出一个人最富个体性之处是其意识这一结论，因此这门学科便

---

　　①　*CW* 12，para. 563.

等同于意识的提高；**分析**（analysis）的假设是，意识会从自我中心转变，朝向与人格整体性更为一致的观点（参见 Self **自性**）。因此，追求意识本身所等同的所有危险——片面性、泛滥、解体、**膨胀**（inflation）、**退行**（regression）、脱离、**解离**（dissociation）、割裂（参见 paranoid-schizoid position **偏执-分裂位态**）、自我中心和**自恋**（narcissism）以及理性化——就与荣格的心理学中的"意识"相冲突。我们可以通过这样的背景，观察到分析心理学的繁衍和分裂。[①]

为显示个体与集体意识复苏过程的相似之处，诺依曼写了《意识起源与历史》[②] 一书。辛格亦有经典论述。[③] 希尔曼将意识定义为"关于我们的心灵世界和部分对此现实的适应的心灵映射"[④]，批评分析心理学对意识的看法过于狭隘。

countertransference　反移情

参见 analyst and patient **分析师与患者**。

culture　文化

荣格对这个术语的使用一般大致等同于**社会**（society），即有所区

---

① Samuels，1985a.
② Neumann，1954.
③ Singer，1972.
④ Hillman，1975.

别而更为自觉的、**集体**（collective）中的一部分或一个群体。总的来说，他用文化一词来指代过程；即在如"受文化熏陶更多""完全过时而未经文化"等短语中使用。从心理学的角度来看，他认为文化承载着一个群体的内涵；这种内涵已发展出属于自己的**同一性**（identity）与**意识**（consciousness），还具有连续性和目的或**意义**（meaning）。

cure 疗愈

普遍接受的意思是从疾病到健康的转变。荣格指的是一种广泛的偏见，即**分析**（analysis）会提供某种类似疗愈或药方的东西，并且当分析完成后，就可以预期一个人被客观地"疗愈"了。他又继续说明情况并非如此，因为并不可能有哪种形式的**心理治疗**（psychotherapy）会有"疗愈"的功效。

荣格表示，生命的本质就是要给人类带来阻碍，有时阻碍以疾病的形式出现；而这些阻碍，如果不过分，能给我们提供机会去**反思**（reflection）**自我**（ego）适应的不当形式，让我们得以探索更适当的态度，并做出相应的调整。不过，他也知道这样的变化只在有限的时间内有效，之后问题可能再度出现。随着时间推移，我们可以看到有问题的经验**整合**（integration）源自**自性**（Self）的驱使，并最终导向**自性化**（individuation）（参见 wholeness **整体性**）。因此，分析师对疗愈的态度或许能帮助患者接受神经症的病症也可以是患者生命中的一个潜在的积极因素（参见 analyst and patient **分析师与患者**；neurosis **神经症**）。

由于其辩证性质，分析有时被称为"谈心疗愈"；又因为荣格的概念与**心灵**（psyche）和**意义**（meaning）相联系，也被称为"灵魂疗愈"。然而荣格十分反对这样的说法，因为他对分析的工作与由神职人员提供的、教会对灵魂的疗愈是严格区分的。他认为，分析更类似于一种医疗干预，其目的是暴露**无意识**（unconscious）内容，使它们可以整合入**意识**（consciousness）之中。对此，荣格是认同弗洛伊德与精神分析的传统的。

不过与此同时，因为荣格将神经症所带来的痛苦视为可能具有意义，并且接受**目的论观点**（teleological point of view），他也承认分析师的工作必须适应患者的需求。这些需求是医生和不愿接受心灵中可能有自发的宗教功能的神职人员都未能满足的。所以他相信自己必须告知来寻求治疗的人们，一劳永逸的疗愈是不可能有的；同时，也要准备好去承认在他们的痛苦中可能有着无意识的象征意义（参见 healing **治愈**）。

D

death instinct　死亡本能

在《超越快乐原则》[①] 一书中，弗洛伊德提出本能可以分为两大类：生命本能和死亡本能（参见 life instinct **生命本能**）。前一类包括自我存续本能（饥饿和攻击性）和性本能。不过在弗洛伊德早期的架构中，这两大类是相反的。死亡本能表现了一般本能保守而退行的典型特性——本能寻求释放，从而将兴奋度减退归零的倾向。这会使退行的形式到达更加简单陈旧的程度，最终导致一种无机状态，并由此让"死亡"本能接管控制。克莱因基于弗洛伊德的这些猜测，更进一步地提出攻击性本身是对死亡本能的一种转向。但精神分析整体来说并没有强调弗洛伊德的这些想法。

荣格对此同样存疑。他不但评论这种见解之性质可疑，更断言弗洛伊德的理论构成必定反映了对力比多理论（参见 energy **能量**）片面性的不满。不过，荣格自己的著作中也有几处叙述；当我们把这几处放在一起来看时，会发现类似于死亡本能的概念在**分析心理学**（analytical psychology）中确有其一席之地。

心灵能量的中性性质意味着它可以做任何用途，其中也不排除使用能量来寻求减轻能量张力的悖论。此一论点可由人类心灵中进化与退行

---

① Freud，1920.

倾向之分别得到最清楚的证明。荣格从**退行**（regression）里看到了通过与父母**意像**（imago）或**神意象**（God-image）的相遇和合并，从而与**自性**（Self）同步工作来加续或再生人格的企图（参见 incest **乱伦**）。这不可避免地导致**自我**（ego）的旧形式的消解（或"死亡"），以及随之而来的、原本生活方式所带来的张力及兴奋的减少。这可以被隐喻性地视为一种让自我潜力重新聚集为更恰当、更有意识的形式的死亡。然而即使是暂时地失去自我控制也是危险的，只有在人格达到充沛后，"死亡"才可以被看成**转化**（transformation）的前奏（参见 enantiodromia **物极必反**；initiation **初始化**；rebirth **重生**；wholeness **整体性**）。

这样的说法有概念上的弱点，即仅从服务于生命本能的角度来看死亡本能。但是无论何种本能都是服务于人的；这一事实不应被它们可能偶尔会引起的不快感掩盖。死亡本能为一个人提供了他的生命的框架；死亡的意象构成了生命展开的一个目标，死亡和创造力之间有着密切关系。① 死亡本能是令进一步成长的动力并入**心灵**（psyche）的方式（参见 meaning **意义**）。

以上关于死亡本能的评论是就人格整体而言的，但亦无理由不能同样适用于人格中的子部分。换言之，一个独立的**情结**（complex）也可以经历死亡—重生（rebirth）的过程。我们是通过意象和情绪状态来主观体验死亡本能的——合一感，漂浮着的、海洋般的、梦幻般的感触，创造性的遐想，以及怀旧的哀愁。对死亡本能的这种解读，其中至关重要的一点是：无论是良性还是恶性的**退行**（regression），都与成长和进步同样是生命的一部分。因此，死亡作为一种心灵事实占据了个体的每一天，而不只是其生命的尽头。对这一事实的压抑任何时候都可能发生（参见 stages of life **人生阶段**）。

① Gordon，1978.

defences of the Self　自性防御

参见 Self **自性**。

deintegration and reintegration　解体与重组

参见 Self **自性**。

delusion　妄想

荣格对妄想的定义基于体验。患者感觉自己是类似于根据理性或情感，或从实际的感知出发来做出判断，但实际上是基于自身内在的无意识因素。不过，这样的体验只要最终能够被理解，可能也并非完全负面。从某种意义上说，妄想同**梦**（dreams）和其他心理现象一样"自然"。它们展现出内在世界的丰富多彩；妄想压倒一个人意识中的标准和态度的方式表明了其**心灵现实**（psychic reality）（参见 psychosis **精神病**）。

妄想可以被解释的想法可归因于荣格（参见 interpretation **解释**）。这种理解可以在个人层面或是集体层面进行（参见 archetype **原型**；unconscious **无意识**），也可以通过结合这两种视角来实现。荣格指引我们关注某些"过度受重视的念头"，它们是偏执妄想的先导；他将其类比于自动情结（参见 complex **情结**）。在这种时候，他认为**心理治疗**

（psychotherapy）的目的是将这些念头与其他情结关联起来。妄想的标志是念头在一个有限且僵化的参照框架下进行的**联想**（association）。

至于集体层面的解释，荣格的重点放在超个人方面——妄想中的元素在人类心理文化发展中有其历史和地位。因此他认为**神话**（myth）和**童话**（fairy tales）描绘了基础的心理模式，无论是对于扩充临床材料还是对于协助组织材料都很有帮助（参见 culture **文化**；amplification **扩充**）。

荣格列举了几种集体妄想（这有别于对个人妄想的集体解释），其中一种就是我们人类是完全理性的生物。

dementia praecox　早发性痴呆

参见 schizophrenia **精神分裂症**；word association test **字词联想测试**。

depression　抑郁

荣格对抑郁的看法集中于心灵**能量**（energy），而不是**客体关系**（object relations）、客体的失去或分离。在这个领域，分析心理学家们往往借用**精神分析**（psychoanalysis）的理论。荣格将抑郁概念化成一种对能量的阻挡，这些能量得以倾泻时，就可能选取更积极的方向。能量是因为某个神经症或精神病的问题被困阻，但是如果能够释放能量，实际上会有助于克服这个问题。根据荣格所述，应当尽可能全身心进入抑郁的状态，以便清晰涉及其中的感受。这种清晰意味着将一种模糊的感觉转换为抑郁者可以叙述的、更为精确的**念头**（idea）或**意象**（image）。

抑郁与**退行**（regression）的再生和丰富方面相联系，尤其是可能采取"创造性工作之前空虚的沉寂"的形式。[①] 在这种情况下，是新发展从**意识**（consciousness）抽走的能量导致了抑郁。

荣格警告抑郁可见于**精神病**（psychosis），反之亦然（参见 pathology **病理学**）。

depressive position　抑郁位态

由梅兰妮·克莱因引入使用的术语，指在**客体关系**（object relations）发展中，当婴儿认识到自己一直与之发生联系的好母亲与坏母亲的意象指的是同一个人时的某一时点（据说处于出生后第一年的下半年）。作为一个完整的人，面对他的母亲，他不能再像以前那样继续下去（参见 Great Mother **大母神**）。此前的运作会将婴儿的负面情感归因于及指向负面母亲，从而保护正面母亲不受这些负面情感影响（参见 paranoid-schizoid position **偏执-分裂位态**）。现在他必须面对这一事实，他对迄今为止是完全正面的母亲既怀有敌意和攻击性情感，也抱有爱的情感（即他有相互矛盾的情感）。反过来说，这个事实又会使他面临因为自己的破坏性而失去她的恐惧、伤害她的内疚，以及最重要的——渐

---

① *CW* 16，para. 373.

渐形成对她的幸福的关切（参见 infancy and childhood **婴儿期与童年**）。从这最后一方面来说，抑郁位态是总体上的良心，尤其是对他人的关切的先导。因此，温尼考特为抑郁位态起的名字是"关切阶段"。（参见 ambivalence **矛盾双重性**。）

在如上所述将分裂的客体并为一体的同时，也有对人格本身曾体验为好或坏的各方面的整合。例如人格好的部分可能被分离出来，以保护它们免受坏的部分或糟糕的环境影响。

抑郁位态如此命名，是因为这是有生以来第一次必须从个人层面面对失去母亲的幻想；此过程类似于哀悼，并因此包括抑郁的可能性。处于抑郁位态时，焦虑的本质从主要是对外来攻击的恐惧转变为对失去使生活舒适、令我们得以存活的一切的恐惧。此前，失去的体验可以通过空想无所不能的幻象来处理。从这个角度来看，随后在成年期出现的**抑郁**（depression）可以被看作源于婴儿期的抑郁性焦虑未被处理好。抑郁位态是一个需要克服的发展障碍，其达成是发展过程的一个里程碑。

虽然抑郁位态与**偏执-分裂位态**（paranoid-schizoid position，其中人格与客体分裂开来）互相对照，但也有一定程度的双向运动；并且在成年生活中，通常都能发现这两种位态存在的证据。

分析心理学（analytical psychology，尤其是发展学派[①]）对抑郁位态做了进一步的注释，认为在人生第一年结束时达成的抑郁位态可被视为首次达成的**两极**（opposites）关联之一（参见 *coniunctio* **精合**）。这一观点的优势在于将发展性的视角与**自性**（Self）的现象联系了起来。因为心灵功能的目的性本质（参见 teleological point of view **目的论观点**；unconscious **无意识**），婴儿的攻击性可以被看作在为**自性化**（indi-

---

① Samuels，1985a.

viduation）服务。接受攻击性情感的必然性是抑郁位态的一个重要组成部分，因此与**阴影**（shadow）的整合也在同时发生。此外，口唇攻击性中的噬咬也可以被视为辨别两极（婴儿和母亲，母亲和父亲）的一种早期尝试。荣格认为这种**分化**（differentiation）是其后两极结合的前提条件。

depth psychology　深度心理学

心理学理论与实践在 1896 年发生了新变化，这标志着现今所谓之深度心理学的诞生。这一年发生的重大事件包括弗洛伊德对神经症的分类，以及一篇题为《癔病的病因》①的论文的出版。事实证明，这篇论文的失败与成功同样重要；因为其中论述的不同意见，弗洛伊德意识到在**无意识**（unconscious）中是极难将**幻想**（fantasy）与记忆区分开来的。从那时起，弗洛伊德和他的亲密助手们（其中一位即是荣格，他在 1907 年至 1913 年间与弗洛伊德紧密合作）便开始更为关注探索无意识的材料，而不去注重揭开受压抑的记忆了。

弗洛伊德的创新为后来者奠定了基础，荣格也完全清楚这一事实——《荣格全集》第十五卷中的《在其历史背景下的西格蒙德·弗洛伊德》（Sigmund Freud in His Historical Setting）和《纪念西格蒙德·弗洛伊德》（In Memory of Sigmund Freud）对此描述得尤为清晰。在这些创新的视角与对患者使用的新技术中，最重要的就是将梦的**解释**（interpretation）引入为**心理治疗**（psychotherapy）的一种工具。它结合了弗洛伊德对**梦**（dreams）有其昭示及潜在内容的主张、梦里昭示的

---

① Ellenberger，1970.

内容乃是潜在内容受无意识审查之结果的论点，以及他以自由**联想**（association）来作为分析梦的方法的应用。弗洛伊德对梦的理论和他对动作倒错的觉察都源自他对癔病的研究，由此产生了出版于 1901 年的《日常生活的精神病理学》。1897 年，他开始撰写后来出版于 1905 年的《诙谐及其与无意识的关系》一书，首次探讨了游戏的心理功能。这些变化都在弗洛伊德与荣格相遇之前就完成了，可说是为通过考察无意识来更新意识心智提供了关键的线索。

荣格于 1948 年撰写、1951 年出版的一个关于深度心理学的百科全书条目是这样开始的："'深度心理学'是从医学心理学派生出的一个术语，由布洛伊勒发明，以表示心理科学中关注无意识现象的一个分支。"①

在这篇文章中，荣格尽心尽力追寻主要观点的来源，但仍称弗洛伊德"名为**精神分析**（psychoanalysis）的深度心理学的真正创始人"。他指出，阿尔弗雷德·阿德勒的个体心理学是对阿德勒的老师弗洛伊德所发起的部分研究的延续。面对相同的实证材料，荣格的结论是，阿德勒采取了与弗洛伊德不同的观点来考虑，其前提为主要病因不是性欲而是权力。

荣格本人亦承认自己受惠于弗洛伊德良多，强调自己早期使用**字词联想测试**（word association test）的实验证实了弗洛伊德遇到的压抑的存在及其特有的后果，并发现在所谓的正常人以及神经症患者身上，反应均受"分裂开去"（即压抑）的情绪化情结扰乱（参见 complex **情结**）。荣格指出其观点差异在于他认为关于神经症的性理论有限制，以及无意识的概念需要扩大——因为他认为无意识是"**意识**（consciousness）的创造性母体"，不仅包含受压抑的个人内容，还包括**集体**（col-

---

① *CW* 18，para. 1142.

lective）的母题。荣格驳斥了梦是愿望的满足的理论，转而强调无意识过程中的**补偿**（compensation）功能及其目的论特性（参见 teleological point of view **目的论观点**）。他还把自己与弗洛伊德的决裂归因于对集体无意识的角色，以及其在**精神分裂症**（schizophrenia）中如何体现［即荣格的**原型**（archetype）理论的形成］的观点差异。

在同一篇文章中，荣格还继续勾勒出他进一步的独立观察和发现；这些如今都收入**分析心理学**（analytical psychology）相关的著作当中。随着人格与人格行为运作理论的进一步延伸和扩散，深度心理学这一术语现今已很少使用，只可见用于其最初的意义，即识别并描述明确探讨无意识现象者。

development　发展

荣格对人格发展的看法通常包括与生俱来的构成因素（参见 archetype **原型**）与个体所身处环境（参见 complex **情结**；infancy and childhood **婴儿期与童年**）的综合。发展可从相对于自己（参见 individuation **自性化**；narcissism **自恋**；Self **自性**）、客体（参见 ego **自我**；object relations **客体关系**）或本能冲动（参见 energy **能量**）的角度来看。

退行与进化的倾向并存于发展中（参见 death instinct **死亡本能**；incest **乱伦**；integration **整合**；regression **退行**），且不是无意义的运动（参见 meaning **意义**；self-regulatory function of the psyche **心灵的自我调节功能**；stages of life **人生阶段**）。

dialectical process 辩证过程

参见 analysis **分析**；analyst and patient **分析师与患者**。

differentiation 分化

荣格经常使用的一个词，意为将部分从整体中分辨开来，分离开原为无意识交织在一起的事物，并解析之。经过分化后，提及人格的某些部分时，就能将其与别的部分划分得更为清晰，在**意识**（consciousness）中也更易区别并嵌入其意义之中（参见 typology **类型学**）。

分化既是成长的自然过程，亦是有意识的心理承诺。它涉及例如对父母形象和配偶的过度依赖及相互依赖的神经症式的状态，以及一个或多个心理功能受其他功能污染或是自我和阴影"未分化"时依赖于内在状态。**两极**（opposites）的原始状态是以彼此融合或合并的形式存在的。它们必须经历分化后方能进行有意识的合成。

自性化（individuation）是一个需要分化的过程；一个依赖于自己的投射的人，对自己是什么和自己是谁几乎甚或根本不会有认识。但因为相比于**整体性**（wholeness），区别和分化对理性智力意义更大，荣格设想现代人有必要建立一种补偿性的象征去强调其总体的重要性（参见 Self **自性**）。任何"更早期"的事物就自然而然分化较少的假设是错误的。例如，荣格就曾想方设法地指明尚未适应工业化社会的部落民族保持了相当高的分化敏感度，这是西方人已不再拥有的（参见 primitives **原始人**）。

directed and fantasy thinking　定向和幻想思维

荣格所引入使用的术语，用以描摹**心灵**（psyche）表达本身的不同心理活动类型及方式。① 定向思维涉及有意识地使用语言和概念，是基于或由对现实的参照构成的。从本质上讲，定向思维是交际性的，是朝向他人、为他人而想的外向思维。定向思维是理智、科学阐述（虽然可能不是科学发现）和常识的语言。幻想思维，则采用意象（无论是单独使用还是以专题形式）、情绪和直觉（参见 image **意象**）。逻辑与物理的规则、道德戒律（参见 morality **道德**；psychic reality **心灵现实**；super-ego **超我**；synchronicity **共时性**）对其均不适用。这样的思维可说是隐喻性、象征性、想象性的（参见 metaphor **隐喻**；symbol **象征**）。荣格指出，幻想思维的运作可以是有意识的，但通常是前意识或无意识的（参见 unconscious **无意识**）。

幻想和定向思维可分别相比为弗洛伊德的初级过程和次级过程。初级过程活动是无意识的；单一意象即可概括大片的冲突区域或指代其他元素；时间与空间的范畴被忽略。最重要的是，初级过程是本能活动的一种表达（并因此是无道德甚或不道德的）；其特征为愿望，并受快乐原则支配。次级过程受现实原则管制，有逻辑性且可以用语言表达。次级过程形成思想的基础，是**自我**（ego）的表达。事实上，不抑制初级过程活动，自我本身就不能运作；因此初级过程和次级过程是针锋相对的。尽管这两种过程可能混合出现在某些种类的创造性活动中，但它们本质上是相反的。

对于荣格而言，幻想思维并无理由必然会威胁到自我；他的观点是

---

① 　*CW* 5，paras. 4 - 46.

自我能受益于这样的接触。不过，失去控制的幻想是**膨胀**（inflation）或**占据**（possession）状态中的一部分。荣格表示，定向和幻想思维可作为两个独立而平等的视角共存——尽管幻想思维可以说是更接近心灵的原型层面（参见 archetype **原型**）。

这种公平对待使荣格的想法近似于我们现在所知的两个大脑半球的运作。左右脑半球的相互作用是人类心理运作的中心。左脑半球与语言能力、逻辑、目标导向行动相关联，是服从时间与空间法则的大脑活动所在之处；其运作具有分析的、理性的、详尽的特征。右脑半球是情绪、情感、幻想所处部位，这里掌管一个人与除了自己以外的一切相对而言置身何地的总体感觉，还有全面掌握复杂情况（与左脑半球更为零散的方式相比）的整体能力。**超越性功能**（transcendent function）就被描述为左右脑半球的互通——生理学上说的胼胝体。[1] 参见 body **身体**。

梦（dreams）可以被看作幻想思维或右脑半球功能的典型表现——虽然梦里也会不时出现逻辑意向的元素。梦的**解释**（interpretation）有时可说是带入了定向思维，不过因为有想象力的参与，更准确的概括应该是，梦的解释实际是结合了定向思维与幻想思维（参见 reductive and synthetic methods **还原与合成方法**）。

荣格将神话视为幻想思维的重要表达，并评论说我们今天加诸科学技术的努力与关注，一如希腊人花费在他们神话的发展上的功夫；**神话**（myth）是表达个人世界和物理世界的隐喻观点的方法，因此不能通过定向思维来评价。荣格关于"**原始人**"（primitives）的思想主要是幻想思维这一过时的看法，已鲜有分析心理学家赞同。不过，荣格对在儿童的活动中可以清楚看出幻想思维的观察，则仍然有效（虽然即使在这些

① Rossi，1977.

活动中，逻辑也同样有其作用）。

荣格所使用的上述"思维"一词，确实存在问题。例如，他在自己的**类型学**（typology）中对这个词的使用就有所差异。荣格就曾写过不知自己何时才会不仅仅以定向和幻想思维来单纯特指意识和无意识之间的不同。另一种观点是幻想思维的主张确实指出了一个事实，即**无意识**（consciousness）有它自己的结构、语言和逻辑（心灵逻辑）；这缓和了将理性抬升得过高的任何企图（参见 psyche **心灵**；psychic reality **心灵现实**）。同样，荣格将定向思维与幻想思维结对而论，对指责"智识者"是精神分裂或者"头重身轻"、要把理性思维统统摈除的人，也是一个警诫。

决定哪种思维对于一个人来说更为自然时，基于心理类型的个人偏好无疑有其影响（参见 typology **类型学**）。在婴儿期与童年，家庭和社会需求可能会导致扭曲。由于这一点通常在临床上表现为幻想思维在家中被禁止，文化的因素很可能也在起作用。事实上，西方社会也倾向于重视及使用定向思维多于幻想思维。

dissociation　*解离*

指本应与人格联结的某些东西**无意识**（unconscious）地分离，一种"与自身的不统一"①。这意味着一个人体现**整体性**（wholeness）之潜能的瓦解。此外，解离也可被用于描述一种或多或少有意识的做法，即当一种整体的、无所不包的态度更有效率时，为了"分析"而散碎的

---

①　*CW* 8，para. 62.

方式。西方社会对科学技术以及某种特定的"理性"作风的依赖，正说明了这一观点。精神病学为此提供了尤为贴切的例子，特别是在医患关系的动态变化没有得到充分考虑的情况下。

解离是**神经症**（neurosis）的一个重要方面。在神经症中，解离可以被看作一种"意识态度与无意识趋势之间的差异"①。压抑是这种情况中的特例；例如无法面对身体或总体的**阴影**（shadow）的冲动，可被视为解离（参见 body **身体**）。认识到心灵有各个部分及子系统的能力，或发展出同内在形象对话的能力，与从**自我**（ego）解离不同（参见 active imagination **积极想象**）；事实上，这类活动需要保持一个强大且有意识的自我位置。

荣格经常将**分析**（analysis）描述为对解离的治愈。他强调对此无论是技术性知识还是**发泄**（abreaction）都不具有决定性。实际上，**分析师与患者**（analyst and patient）关系中的移情-反移情方面才更为根本。分析的目的是促进意识对无意识内容的吸收，从而克服解离。不过，荣格也告诫我们必须认识到在一些精神病的情况中解离的程度太高，以至于无法实现这一目的（参见 pathology **病理学**；psychosis **精神病**）。

dominant   主导

参见 archetype **原型**。

---

① *CW* 16，para. 26.

dreams　梦

荣格将梦广泛定义为"以象征形式、对**无意识**（unconscious）中的实际情况自发的自我写照"①。他将梦与**意识**（consciousness）的关系视为基本上是一种补偿的关系（参见 compensation **补偿**）。

荣格认为弗洛伊德仅以因果的立场看待梦。与弗洛伊德相反，荣格表示梦是**既**可以从因果，又可以从目的的观点去看待的心灵产物（参见 reductive and synthetic methods **还原与合成方法**；teleological point of view **目的论观点**）。他写道，因果观点倾向于整齐划一的意义和一致统一的**解释**（interpretation），并诱使我们对**象征**（symbol）加以固定；而目的的观点则是"从梦中**意象**（image）感知到改变了的心理情况的表达，并不承认象征有固定意义"②。

弗洛伊德和荣格两人都在释梦时使用**联想**（association），但后来荣格根据自己对**情结**（complex）的发现而改变做法，因为他将梦看作对个人情结的评注。在联想的技术之上，荣格又添加了从**神话**（myth）、历史及其他文化材料进行的**扩充**（amplification），以便为梦意象的解释提供尽可能广泛的背景，使梦中昭示及潜在内容均能得到探讨。他区分了所谓主观层面和客观层面的解释：前者将梦中形象看作梦者心灵本身某些特征的**拟人化**（personifications），后者则研究梦意象自身（例如梦者可能知道的真人形象）。

尽管补偿被视为一项基本原则，荣格还是强调受到补偿的东西并不总是立刻就显而易见。在解开梦内容之谜团的过程中，耐心和诚实发挥

---

①　*CW* 8，para. 505.
②　*CW* 8，para. 471.

着重要作用。他相信梦具有前瞻性的方面，即"一种对未来意识成就的无意识预期"。不过，他也建议不要将梦作为预言或对方向的设置来对待，而是应当视其为一幅初步的草图或一个先期粗糙的计划。

荣格强调，有一些特定的梦（即噩梦），其目的似乎是瓦解、摧毁、拆除。它们以一种必然不愉快的方式履行其补偿任务。如此令人印象深刻的梦可能成为所谓的"大梦"，并导致一个人改变人生历程。其他的梦可能并非预示或挑战，而是归结于某个条件的满足。依序看到的梦往往揭示了一个人的**自性化**（individuation）过程之路，透露出个人对象征的运用。梦也可以以戏剧性方式来看待，像一出戏一样引入问题状况、发展及结论。

荣格一再告诫过度评价无意识的危险，并警告这种倾向会削弱意识决定的力量。就此而言，一个异常美丽或超自然的梦可能有着不健康的诱惑力，直到我们进行更细致的观察。梦与梦者有着千丝万缕的联系，只有在意识**自我**（ego）持探讨、准备合作的态度时，无意识才能令人满意地运作。

梦意象被视为对仍处于无意识的事实的最佳表达。荣格写道："要了解梦的意义，我必须尽可能接近梦意象。"[1] 他表示，梦有一种"正是那样"的性质，既非积极也非消极，不是人对情况的揣测或希望，而是对情况的真实写照。了解梦的过程是多方面的，涉及一个人的全部，而不能单靠理性（参见 Self **自性**）。荣格承认在面对梦——尤其是他自己的梦时感到迷惑和困惑；对于他来说，遇到任何最初其价值并不明显的心灵现象时，这样的定位似乎是最好的。

荣格最后一部著作是关于梦和梦的象征，于 1961 年完成，1964 年出版。现在阅读这部著作以及荣格其他的论文和早期关于梦的讲学，我

---

[1] CW 16，para. 320.

们会意识到从荣格和弗洛伊德的时代以来，对待梦和做梦的**集体**（col-lective）态度所发生的变化。例如现在有许多的人，无论是否在进行**分析**（analysis），都会记录自己的梦，并且即使无法走得更远，也会尝试就其出现的背景来考虑它们。

过去几十年来，人们显然越来越意识到梦的象征性。荣格的学说通过《回忆，梦，思考》和《人及其象征》的出版而得到普及，关于梦的讲座和研讨会大受欢迎，再加上参加分析的人数不断增长，这些都引起了对象征性的和无意识的材料的广泛兴趣。其他疗法（即完形疗法和心理剧疗法）对为释放潜在主观的梦的内容而应用**积极想象**（active imagination）的方法及其使用做出了贡献。最后，现今对"旅行"（journeying）——或说是投身于一段艰难的、象征性的探索，还有着一种有意识的、集体的痴迷。这种探索所涉及的流浪、疏远、危机、冒险和不确定，全都是一个人为遵循自己的梦所踏上的内在旅程的属性。

荣格去世后，苏黎世荣格学院延续了对梦的研究。进一步的医学和科学证据似乎批驳了荣格某些关于肌体刺激在梦过程中的作用或侵入的早期假设。霍尔[①]、马顿[②]以及兰伯特[③]发表了关于梦分析之临床应用的论著。

drive　驱力

参见 archetype **原型**；death instinct **死亡本能**；life instinct **生命本能**。

---

① Hall，1977.
② Mattoon，1978.
③ Lambert，1981.

E

ego　自我

　　荣格在其**心灵**（psyche）地图上曾设法将自我所处的位置从弗洛伊德所分配之处划分出来。荣格认为自我是**意识**（consciousness）的中心，但也强调自我的局限和不完整，认为自我小于整体人格。自我虽然关系到个人身份、人格的维护、时间连续性、意识和**无意识**（unconscious）领域之间的调解、认知还有现实检验等等，但也必须被视为服从于更高的原则。这更高的原则就是**自性**（Self），整个人格的序令。自性与自我的关系就好比"家的本源和家的迁居"。

　　自我与自性最初是合并的，后来两者分化开来。荣格如此描述两者的相互依存：自性提供了更全面的看法并因此至高无上，但自我的功能是去挑战或履行这些至高无上的要求。荣格指出，自我和自性的对抗是人生后半段的特性（参见 ego-Self axis **自我-自性轴**；stages of life **人生阶段**）。

　　自我也被荣格视为来自儿童的身体限制与环境现实之间所发生的冲突。挫败促成了一个个意识的小岛，最终凝聚成整体的自我。在这里，荣格关于自我出现时期的想法反映了他对弗洛伊德早期主张的持续依赖。荣格断言，自我是在三到四岁间开始变得完整的。今天的精神分析学家和分析心理学家都同意：知觉组织的元素至少从出生时就开始存在，一个相对成熟的自我结构则在人生头一年结束之前就开始运作了。

　　荣格将自我等同于意识的倾向，使得他很难概念化如防御等自我结构的无意识方面。意识是自我的显著特点，但这与无意识是成正比的。事实上，自我意识的程度越高，感受到未知部分的可能性就越大。自我相对于**阴影**（shadow）的任务是识别、整合，而不是通过**投射**（projection）来把阴影分裂出去。

荣格将**分析心理学**（analytical psychology）构想为对过度理性和过度重视意识的做法的反应；这种做法将人与其自然世界，包括与他自己的本性隔绝，因此限制了他。另外，他坚持认为**梦**（dreams）和**幻想**（fantasy）的意象不能直接用于增进生活。它们是一种原料，是象征的来源，必须被转译成意识的语言和自我整合。在这项工作中，**超越性功能**（transcendent function）连接两极。自我的作用是鉴别**两极**（opposites），承受两极的张力，让张力得到解决，最后为了保护从中出现的东西，会扩大和加强先前自我限制的东西。

对于**精神病理学**（psychopathology）而言，有以下几项可识别的危险：（a）自我未与自性一同从其主身份中出现，并因此无法满足外在世界的要求。（b）自我变得等同于自性，导致意识的**膨胀**（inflation）。（c）自我可能采取刚性而极端的态度，抛弃对自性的参照并忽略经由超越性功能活动的可能性。（d）由于所产生的张力，自我未必能联系上某个特定的**情结**（complex）。这导致了情结的分裂并支配个体的生活。（e）自我可能为来自无意识的内在内容所压倒。（f）**劣势功能**（inferior function）可能保持未与自我整合、不能为自我所用，导致严重的无意识行为以及人格普遍贫乏（参见 typology **类型学**）。

ego-Self axis　自我-自性轴

尽管正如荣格所写，"自我相对于自性，正如家的本源和家的迁居，或是客体相对于主体"①，但他也承认这两个重大的心灵系统都需要彼此。因为，如果没有**自我**（ego）的分析力，以及自我与婴幼儿期和其他依赖源分离以促进独立生活的能力，**自性**（Self）就无法在日常世界里存在。在自我的帮助下，自性使生活更有深度、整合程度更高的宝贵倾向，才能为人所用。②

从发展的角度来看，个体中要出现一个强大而可行的自我-自性轴，视乎母亲与婴儿之间某种性质的关系：在结合与分离之间、在赞许某些具体技能的进展与接受婴儿作为一个整体之间、在向外探索与自我反思之间所达到的平衡。反之亦然，自我-自性轴所固有的某些动态特性会被投射到一个婴儿与母亲之间的关系中去（参照 development **发展**；infancy and childhood **婴儿期与童年**）。

empiricism　经验主义

荣格视其心理学为经验心理学，这意味着它依赖的不是**理论**（theory），而是观察和实验。他认为经验主义与猜测或空论体系正好相反。荣格把经验主义描述为具有尽可能准确地呈现事实的优势；不过他也感觉经验主义缺乏对念头之价值的考虑，从而限制了对事实的呈现。荣格认为实证思维并不比空论思维更缺少理性，并讨论过这两种方法与内倾和外倾的关系；他将内倾视为经验主义的表现，认为外倾则适用于空论主义（参见 typology **类型学**）。

对于**原型**（archetype），荣格所采用的方法是通过**意象**（image）来

---

① CW 11, para. 391.
② 参照 Edinger, 1972。埃丁格创造了"自我-自性轴"这一术语。

观察，因此原型是一个经验的概念。福特汉姆^①和其他学者坚持应通过观察个人行为来核实原型的存在。希尔曼^②和其他原型心理学家则主张观察意象的运作。双方都采取经验的方法，但也因而产生了对临床材料的不同观点。^③

enactment　表现

须与**表演**（acting out）加以区分。我们可以将表现定义为：承认并接受一个原型刺激，与其互动的同时保留对**自我**（ego）的控制，从而允许其隐喻意义以个体的私人方式展开。与表演相反，表现需要有意识自我的发挥，好给予侵入的原型元素以个体的表达。即使承认无意识动机的存在和力量，我们仍然能抗拒其引力，既不会退行，也不会被压倒（参见 inflation **膨胀**；possession **占据**）。其中暗示了侵入的刺激象征着某些已存在的人格所缺乏却尚不知觉的东西。一个人会容忍或忍受原型元素的存在，直到其隐含的、象征性的意义变得明确（参见 symbol **象征**）。

参见 active imagination **积极想象**；painting **绘画**。

enantiodromia　相反相成/物极必反

"反向运行"，一条由古希腊哲学家赫拉克利特首先提出的心理

---

① Fordham，1969.
② Hillman，1975.
③ Samuels，1985a.

"法则"，意为一切事物迟早都会转变为其对立的反面。荣格认定这是"支配从最小的到最大的所有自然生命周期的原则"[①]。他写道："唯一能逃脱物极必反的严峻法则的，是知道怎样将自己从无意识中分离出来的人。"[②] 如果没有这样的分离，就会出现对自我调节机制的过度依赖，以及随之而来的、对**自我**（ego）的控制的忽视和弱化。

荣格在其著作中常常引用相反相成/物极必反这一法则（无论是临床的、象征性的还是理论的）。这就说明，相反相成/物极必反对于荣格来说并不是一个公式，而是现实——不仅对于个人的心灵发展，对于**集体**（collective）生活也是如此。在治疗上过度强调这一点，当然可能导致总是看到事物的光明一面，又或者相反，导致总是抱着最坏的打算。荣格对相反相成/物极必反之必然性的认识帮助他预期了心灵的运动；他相信这样的现象既可预见，也可与其产生关联，而这样的态度正是**意识**（consciousness）的本质。

他将相反相成/物极必反这一术语应用到与意识已持有或已表达的观点相关的无意识**两极**（opposites）的出现。如果有一个极致的、片面的倾向主导了意识生活，那么随着时间流逝，**心灵**（psyche）中也会建立起另一个同样强大的反极。这个反极首先会抑制意识的运作，随后会突破自我的禁制和意识的控制。相反相成/物极必反的法则恰好支持了荣格的**补偿**（compensation）原则（参见 will **意志**）。

---

① *CW* 6，para. 708.
② *CW* 7，para. 112.

energy 能量

荣格将此词与"力比多"互换通用。[①] 我们要注意的是，心灵能量据说是有限但不可摧毁的。在这方面，荣格的想法相类于弗洛伊德的力比多理论。争议之处是弗洛伊德赋予力比多或心灵能量以专有的性欲特质。荣格的概念则更接近一种生命能量的形式，具有中性特质（参见 incest **乱伦**；psychoanalysis **精神分析**）。他指出，在发展的恋母前阶段，心灵能量可以具有营养的、滋养的等多种形式。心灵能量可以作为身体分区发展与**客体关系**（object relations）之间的一个联系概念（参见 infancy and childhood **婴儿期与童年**）。

虽然看似运用了物理术语，但心灵能量这个概念在心理上应用起来时是一个复杂的**隐喻**（metaphor）：

（1）我们需要去标示任何特定心理活动的强度。这使我们能够评估此类活动对于个体的价值和重要性。大致来说，这可以通过参考心灵能量的投入量来实现，即使衡量能量多少的客观方法并不存在。

（2）我们同样需要去展示兴趣焦点和参与重点的转移。这可以通过假定心灵能量有若干可能流动的不同渠道来进行。荣格认为存在生物、心理、精神及道德的渠道。这一假说认为，阻塞其中一个渠道，心灵能量自会流入另一个渠道。能量本身不发生变化，只是选择一个不同的方向。

（3）流动方向并非随机改变。也就是说，渠道本身就占领了一个先此存在的结构（参见 archetype **原型**）。具体地讲，一股被阻塞的流动会

---

① *CW* 6，para. 778.

将能量转移到相反的渠道；这可以通过与乱伦、本能冲动的联系来说明，即当这些冲动为乱伦禁忌所挫败，它们就占用了精神层面（参见 enantiodromia **相反相成**；opposites **两极**）。

荣格认为这是心灵自然倾向于保持平衡的一个例子。由于这种倾向，不仅是出现阻塞时，只要有不平衡出现，心灵能量就会改变其方向和强度（参见 compensation **补偿**）。能量流动的转变可见于其结果，就好像这种转变是朝着一个目标而去的（参见 teleological point of view **目的论观点**）。荣格对能量的看法注重模式和**意义**（meaning）；他还特别注意在心灵能量转换之前和之后出现的**象征**（symbols）。

（4）心理冲突可以从对心灵能量流动的干扰这一角度来讨论。因此，冲突本身被认为是自然的。当讨论**死亡本能**（death instinct）和**生命本能**（life instinct）时，两者都可以被看作从同一个能量来源放射出的表现，只是最终分别走向结束和开始。

Eros　厄洛斯

心灵关联性的原理；有时被荣格假设为女人的心理基础；荣格自己也承认这是一个直观的提法，不可能准确地界定或者科学地证明。基于这种提法，男人的心理中相应的原理是**逻各斯**（Logos）。但荣格多次提到厄洛斯和逻各斯是能够在任何一种性别的同一个体身上共存的。

相对于逻各斯的指向性，厄洛斯的模糊性使得这个概念难以把握。作为心理学原理，对厄洛斯和逻各斯两者的诠释都有很大差异。将厄洛斯与"情感"等同的错误，多年来一直困扰着**分析心理学**（analytical psychology）（参见 typology **类型学**）。我们不能评估厄洛斯的数量；因为厄洛斯可以显现为积极或消极，我们也不能将其齐整地标示为**两极**（opposites）的一端。古根鲍尔-克雷格①认为厄洛斯是一种使得**神**（gods）与人都有爱、有创造性并且相互关联的属性。我们必须认识到这是一种**无意识**（unconscious）的力量，与它保持无意识的程度成正比。

荣格的假设是：女人对心灵关联性的需要，表征为且压倒了她对纯粹性关系本身的需要；但他也警告这并不能以绝对意义来应用，并且对于这一原理如何应用以及在何处应用，谨慎地给予了分析上的持续关注。每当荣格论及于此，一如当他谈到有争议的公众问题时那样，我们很难确定他是在多大程度上作为一个心理学家又或是作为荣格本人发言的。不过，他的结论是：厄洛斯不应被认为与性同义，但也同样不能全然与性脱离；与人性、美学和精神这些所有其他心灵性质的交合或群体活动一起，厄洛斯也会"参与"或是成为性的某个方面。

弗洛伊德最终认为，人有两种基本的本能：被他认定为厄洛斯的**生命本能**（life instinct）以及**死亡本能**（death instinct）。他将基本关系的建立与保存归因于前者，而将这些联结的毁灭和破坏归因于后者。荣格相当注意驳斥这种对立。他写道："从逻辑上讲，爱的反面是恨，厄洛斯的反面则是福波斯（Phobos，即恐惧）；但从心理上讲，其反面是权力意志。"②

在荣格对弗洛伊德和阿德勒两人研究的解释中，我们可以明显看出以上背景；这对于理解荣格自己使用厄洛斯作为一条原则也有所助益，因为他一直宣称无意识的厄洛斯会不可避免地在权力驱动中找到表达方

---

① Guggenbühl-Craig，1980.
② CW 7，para. 78.

式。假设被阿尼姆斯占据的女人拒绝了厄洛斯或与其失去联系，我们就可以看到她的行为并非"逻辑"的，而是受权力驱动（参见 anima and animus **阿尼玛与阿尼姆斯**；possession **占据**）。逻各斯被视为"永恒的理性"，而个人理性的替代品则可被识别为权力。

至今只有极少数临床观察涉及女人身上的厄洛斯原则以及男人身上相应的逻各斯原则，因此对这一理论的查证及延伸亦十分不足。当今女性的社会性突破，以及性行为、性别角色与定义的相应变化，造成女性分析师重新研究女性化意象的主要来源，试图寻找对现代女性如何以创造性的方式摆脱或呈现其厄洛斯趋向的反思或验证。因此我们也并不讶异地看到，现在人们的注意力开始更明确地集中于父女关系以及荣格的厄洛斯表达的五个阶段：生物阶段、性阶段、美学阶段、精神阶段以及一种智慧形式的阶段（萨匹恩提亚）。

参见 gender **性别**；reflection **反思**；syzygy **阴阳并存**。

ethics　伦理

一套道德要求的系统。诺依曼[1]曾有著作研究深度心理学的伦理问题。荣格为诺依曼的著作写了一篇前言，并在其中重申了他的观点：一个人的道德法则表达了一种心理事实，这种心理事实可能会也可能不会受**反思**（reflection）及其自身的**无意识**（unconscious）判断仲裁的影响。意识的发展需要谨慎的考虑，并涉及一种宗教式的观察，即既从普遍通用的角度，又从个人的角度去看待事物。对于荣格来说，这正是对

---

① Neumann，1954.

道德的承诺（参见 morality **道德**；religion **宗教**）。

evil　恶

　　荣格对恶的态度是务实的。他一再表示对从哲学的角度来看待恶并不感兴趣，而更重视**经验主义**（empiricism）的视角。作为一位心理治疗师，荣格认为他不得不首先处理的就是人对何为善恶的主观判断。在某一时刻显得恶，或者至少是无意义无价值的事物，在一个更高的**意识**（consciousness）层面可能又会显得是良善的来源。

　　荣格还是孩童时，就曾在一次**幻景**（vision）中面对过神黑暗、污秽以及（当时）无法接受的一面。后来他将自己的幻景概念化，并通过辨认他视为基督教上帝的**阴影**（shadow），赋予其心理有效性。荣格将经验**自性**（Self）与**神意象**（God-image）等同，并主张光与影（善与恶）构成矛盾的统一体。

　　荣格写道："善与恶是我们道德判断的原则，但是还原到本体论的根源上，善与恶是'开端'，是上帝的一面。"[1] 某种原则占据上位，比一个人自己的判断更强大，也是原型的神意象的一个属性（参见 archetype **原型**）。因此在他看来，这个问题不能相对化。人类必须应对恶本身，认识到其力量以及魔性的矛盾心理。

　　在荣格的职业生涯中，他曾数次因为对恶之现实以及神意象的矛盾本质的坚持，受到神学家的严厉批评。他坚持认为我们无法知道什么是善与恶本身，但我们将善恶感知为判断，并将它们与经验联系在一起。

----

[1]　*CW* 10，para. 846.

荣格视善恶为人类对事实的反应，而非事实，因此在他看来，无论善恶都不能被看作另一方的缩减或匮乏。从心理上来说，他接受这两者具有"同等的真实性"。恶的地位在于，作为一种相对于善的、有效且具威胁性的现实，它在宗教传统（如恶魔）及个人体验中都象征性地表达自身的心灵现实（参见 opposites **两极**）。

荣格在与维克多·怀特神父（Victor White）的通信中就这种关于恶的观点进行了广泛的探讨，但最终两人都发现无法接受彼此的观点。①

参见 guilt **罪疚**；religion **宗教**。

extraversion　外倾

参见 typology **类型学**。

---

①　Heisig，1979.

F

fairy tales　童话

代表了集体无意识（unconscious），来自历史及史前时期，描述了人类未经教化的行为以及智慧的故事。不同地域及时代的童话都广泛显示了类似的母题。与宗教概念（教条）和神话（myth）一样，童话也提供象征；这些象征可以帮助将无意识的内容掘出到意识中以供解释整合（参见 intergration 整合；symbol 象征）。在对精神分裂症（schizophrenia）的研究中，荣格发现童话里这些典型行为和母题会脱离惯例，在梦、幻视以及精神病患者的系统妄想中出现。他将这类原始意象称为原型（参见 archetype 原型；image 意象）。

童话是围绕原型主题发展的故事。荣格假设童话的原本目的不是娱乐，而是提供一种讨论黑暗力量的方式；这种黑暗的力量因其超自然的神秘而令人畏惧、不可接近（参见 numinosum 圣秘敬畏）。这种力量的属性被投射到童话、传说、神话（myths）中，在某些情况下还会在历史人物的人生故事里出现。荣格意识到这一点后，指出原型行为可以通过两种方式来研究：一是关注童话和神话，二是对个人进行分析。

根据荣格的指引，分析心理学家们运用童话来说明心理行为。其中，冯·弗朗兹①是最为直接关注童话的一位，他认为童话是"集体无意识心灵过程最纯粹、最简单的表达方式"。

fantasy 幻想

幻想最具特色的活动，是意象和念头在无意识的**心灵**（psyche）中流动或聚合。与思维或认知不同（但可参见 directed and fantasy thinking **定向和幻想思维**），荣格认为幻想最初独立于自我意识而产生，但也可能与自我意识有关联（参见 ego **自我**）。

无意识幻想是原型结构运作的直接结果（参见 archetype **原型**）。虽然无意识幻想的原料可能有部分源于意识元素（如对真实人物的记忆或经历），但它们与幻想并无客观的联系。这就意味着，必须将存在于幻想中、作为幻想原料的外在世界的真实人物，与可以跨越内外界限的人物（参见下文）区分开来。我们可以这么说：原型式的期望与环境中对应的个体的真正"交合"，既不同于又遵循着心灵为了构建无意识幻想这一特定目的对外在材料的运用。

这种幻想可以说是会"渲染"个人生活，并通过已然存在的无意识架构来塑造生活。荣格写道，这种幻想会"想要"成为意识，即使个体不对这种幻想做任何事，它们也会出现——实际上它们往往会在**意识**（consciousness）中"喷发"出来。因此，荣格称其为"消极"幻想。②

"积极"幻想则需要自我的帮助才能出现在意识中。当"积极"幻

---

① Von Franz，1970.
② 对克莱因使用"无意识幻想"方法的解释，可参照 Isaacs，1952。

想出现在意识中时，心灵中意识与无意识领域的融合就会发生，这是一个人心理完整统一的表现。因此对于荣格来说，无论是作为**自性**（Self）的表达还是作为治疗方式，自我和幻想之间的关系都极为重要（参见 active imagination **积极想象**）。

荣格认为消极幻想通常病态而积极幻想则极具创造力这一判断似乎很不可信，至少也是自相矛盾的。因为荣格对幻想之定义的另一个方面①是一种富有想象力的活动，一种完全自然、自发且有创造性的心灵过程。如此描述的幻想不太可能是病态的。荣格很可能是为了凸显积极/消极的二元对立，而对无意识幻想中**自我**（ego）的最终作用关注过少（参见 transcendent function **超越性功能**）。

幻想和**梦**（dreams）一样可以被解释（荣格将梦与消极幻想相对照，这肯定了前段所述的疑问）。荣格指出，幻想有其明显和潜在的内容，且容易以还原和/或合成的方式来解释（参见 reductive and synthetic methods **还原与合成方法**）。

幻想主要由意象构成，但是必须将这些意象纳入任何无需直接刺激就能活跃于心灵中的元素，而不仅仅是基于外界刺激的视觉化去理解。术语"意象"用来表现幻想与外在世界之间的鸿沟（参见 image **意象**；imago **意像**）。在荣格的概念里，是幻想及其意象在背后隐藏并支撑着情感和行为，而不是相反。幻想并不是对情绪或行为问题加以编码后的次要版本。荣格的心理学是**无意识**（unconscious）的心理学，无意识在其中是首要且具能动性的因素。

有些评论家也同样希望缓和这一点，以更加重视外在世界经验的质量（从而也更重视其特质）。荣格对以心理象征因素来弥合逻辑或理性

---

① *CW* 6，paras. 711 – 722.

之异议的习惯性关注，有时意味着他自己也能察觉到这种分界的过度生硬。这时，他就将幻想指为一个念头或意象（缺少具体现实）与物理世界中的某个实体（缺少心智或在心智中的一席之地）的联系。当幻想作为这一联系时，荣格称其为"第三"因素。[①] 与此相应，温尼考特[②]使用术语"第三区域"来指代婴儿试图将内在世界幻想和外在世界现实置入同一框架中（参见 opposites **两极**；psychic reality **心灵现实**）。

问题是，现在我们对幻想有两种完全不同的定义：（a）与外在现实截然不同且分离开来；（b）连接内在和外在世界。如果我们将"内在世界"理解为某种仅以结构形式存在的骨架，这一难题就可以迎刃而解。这样一来，幻想就既可以是连接原型与外在现实的因素，又同时对立于外在现实而存在。

幻想和艺术创造性相关联，但荣格也指出艺术家们不只是复制他们的幻想而已。带有"心理"性质的艺术品可能出于艺术家对自己个人情况的运用——但那是另一回事。荣格也写道，艺术作为"远见"（visionary）超越了艺术家个体的极限，是与心灵的古老智慧的直接沟通。

参见 symbol **象征**。

father 父亲

参见 archetype **原型**；imago **意像**；infancy and childhood **婴儿期与童年**；marriage **婚姻**。

---

① *CW* 6，paras. 77 – 78.
② Winnicott，1971.

female 女性

参见 sex **性**。

feminine 女性化

参见 gender **性别**。

fixation 固着

由于固着的概念前提是心理发展有放诸四海皆准的路线和时间表，任何具体现象都可据此参考，固着并不常见于**分析心理学**（analytical psychology）（参见 development **发展**）。同样，荣格对纯还原式的**解释**（interpretation）弃之不用，意味着"固着期"的概念也不受重视（参见 reductive and synthetic methods **还原与合成方法**）。这可能是因为自弗洛伊德的结构理论之后，**精神分析**（psychoanalysis）的三大发展方向［自我心理学、**客体关系**（object relations）和自体心理学］显然都远离了固着的主张。从精神分析的角度来讲，当代研究更关注防御分析（自我心理学）、关系（客体关系）和**意义**（meaning，自体心理学）。

fool　愚人

参见 Trickster 愚者。

G

gender　性别

受人类亦即文化的影响，将两性区分为男性化与女性化的一种分类。荣格在谈论及写作中经常表现得似乎并未察知到性别与**性**（sex）之间的区别。与性别相比，性是由生物因素决定的。

尽管 C. G. 荣格和爱玛·荣格[①]都没有察觉到基于文化的改变影响了他们那个时代的男男女女〔在这方面，我们也注意到C. G. 荣格对**圣母玛利亚升天教义宣言**（Assumption of the Virgin Mary，Proclamation of Dogma）的赞誉，以及爱玛·荣格对现代避孕技术会改变女性自身形象的直觉认识〕，但他们都更关注这些改变对个人的冲击以及因此出现的与两性心理学的联系。从某些方面来说，他们预期了现今性别身份的变化甚或是在一定程度上为此铺平了道路。对此，他们的态度主要仍与所处时代的文化保持一致，但都不曾有意识地表达过某一性/性别比另一性/性别更优越的偏好。

他们对**阴阳并存**（syzygy）的研究用意是性别导向的；但这一点现在也受到质疑。[②] 当前**分析心理学**（analytical psychology）的研究探究以下几点：性别差异在何种程度上与性关联；当性别角色与地位变化时，会出现什么样的心理影响；对传统意象的考察是否揭示了任何关于

---

① C. G. Jung and Emma Jung, 1957.

② Samuels, 1985a.

文化形式更能反映女性化心灵的倾向；性别定义与创造力之间有所联系的可能性。

God-image　神意象

以心理术语来说，荣格断言神意象实际是一个统一而超然的**象征**（symbol），能够将特性各异、内容错杂的心灵片段或是统一对立的**两极**（opposites）聚合到一处。和任何**意象**（image）一样，神意象是一种心灵产物，与其试图代表的对象及其指向都有所不同。神意象指向一种超越**意识**（consciousness）的现实，它非常超自然（参见 unminosum **圣秘敬畏**），迫使人们对其关注，吸引**能量**（energy），且相类于一种强加在古今中外人类身上的念头。因此这是一个关于整体的意象，并且"作为心灵层次结构中最高的价值和至上的主导，神意象与**自性**（Self）直接相关，或者说两者是一体的"[①]。然而作为整体的意象，神意象也具有两面性：一面为善，另一面为**恶**（evil）。

为明确并区分神与神意象，荣格写道：

> 对象与意像之间持续相互污染，错使人们无法将"神"和"神意象"从概念上区分开来；因此当有人说到"神意象"时，人们都会认为说的是神，并提供"神学"的解释。心理学作为一门科学，并不要求神意象的实体化；但是事实如此，心理学确实必须面对神意象的存在……神意象对应一种心理事实的具体**情结**（complex），因此是一种我们可以运用的定量；但神本身是什么，仍是超出所有

---

① *CW* 9ii，para. 170.

心理学能力的问题。①

从心理治疗层面来看，神意象可说是起到了内在教堂的作用：作为一个心灵容器，一种参照框架，一个价值和道德仲裁者体系。任何个体认为是神的体验，荣格都采纳为神意象；神可以是有意识或无意识地表达出来的、个人最高价值的代表，也可以是有史以来的思想、教条、**神话**（myth）、**仪式**（ritual）和艺术中反复出现的典型宗教母题。

参见 religion **宗教**。

gods and goddesses　神与女神

参见 myth **神话**。

Great Mother　大母神

荣格的原型理论使他推测母亲对孩子的影响不一定出自作为一个人的母亲自身和她的实际性格特征。此外还有一些品质，是母亲似乎具有但实际源于环绕"母亲"的原型结构，并被孩子投射到她身上的（参见 archetype **原型**；projection **投射**）。

大母神是对一个来自**集体**（collective）文化体验的概括**意象**（im-

---

① *CW* 8，para. 528.

age）的命名。作为一个意象，她展露了原型的丰富性，又显示出正负两极性。婴儿往往会围绕正极和负极来组织早期自身脆弱而依赖母亲的经历。围绕正极的品质包括"母性关怀与体恤；女性的神奇权威；超然理性的智慧和精神悦乐；任何有助益的本能或冲动；促进成长和生育的一切良善，一切珍爱，一切支持"。简而言之，即是好母亲。负极则暗示着坏母亲："所有秘密的、隐藏的、黑暗的事物；深渊死国，任何吞噬、勾引、毒害，如同宿命般可怕又不可避免的事物。"①

从发展的角度来看，这意味着母性**意像**（imago）的分裂（参见 object relations **客体关系**）。荣格指出这种反差广泛存在于所有民族的文化意象中，因此人类整体并不觉得母亲的分裂是奇异或者无法忍受的。但如果一个婴儿要能充分地与自己的母亲建立联系，他便必须始终面对母亲作为一个人的一面，并将关于母亲的对立认知集合于一体（参见 *coniunctio* **精合**；depressive position **抑郁位态**；infancy and child-hood **婴儿期与童年**）。

除了个人/原型和好/坏这两种二元论，我们还必须补充一种，即凡尘/精神：大母神代表地府或农业的伪装，以及她那神圣、空灵、纯洁的形体。这同样在婴儿所发展的平常的母亲意象中有所反映。

我们必须理解，在发展心理学中，诸如大母神这类术语的使用是隐喻意义而不是字面意义上的。毫无疑问，婴儿知道自己的母亲并不是生育女神，也不是破坏性的"夜之女王"；但婴儿仍可能把她与这些联系起来，仿佛她就是这样的形象。

荣格认为大母神意象的性质对于男性和女性而言是不同的。因为女性的一面对于男人来说很陌生，所以女性一面常常将自己置于**无意识**

---

① *CW* 9i, para. 158.

(unconscious) 中，并通过隐身不露这一事实得以施加更大的影响。但女人与自己的母亲共享同样的意识生活，因此母亲意象对于她比对于男性来说没那么可怕，也没那么吸引人（参见 androgyne **阴阳同体**；anima and animus **阿尼玛与阿尼姆斯**；Assumption of the Virgin Mary, Proclamation of Dogma **圣母玛利亚升天教义宣言**；gender **性别**；sex **性**）。这里，荣格可能是把母女关系理想化，从他所处时代的角度去看待从而忽视了母女关系的竞争方面。同样，荣格对于母亲原型与父亲原型加以性质上的区分，这也可说是反映了他自己的文化。

母婴关系的基础特性，意味着大母神作为一种文化和历史现象提供了许多促发研究的方面。① 其中有些直到现在才开始由女性进行探讨。

group　群体

荣格对群体心理学（及团体心理治疗）持有**矛盾**（ambivalence）的态度。因为群体固然可以给人"一份勇气、一个位置和一种尊严——这些在孤身一人时都可能很容易失去"，却还是有其危险，即群体生活可能带来的压抑的好处如此诱人，以至于使人失去个性。②

分析心理学对人与**集体**（collective）、**社会**（society）、其自身所属**文化**（culture）、大众或者某一群体的关系存有混乱。这或许是由于荣格倾向于主要根据一个人的内在世界来观察他，而对其个人及社会关系不太感兴趣。

---

① 例如 Neumann，1955。
② *CW* 8，para. 228.

荣格对群体心理学的主要理论贡献，在于他主张是整合不足之原型倾向的影响力导致了如法西斯主义等大规模群众现象。参见亚菲①和欧达尼克②对荣格的政治取向的意见。

guilt 罪疚

这里将此归为心理学术语，不属道德或法律范畴。此处指的是具备或不具备客观基础而存在的感受。当然从临床观点出发，非理性基础的罪疚可能更有趣，但荣格指出不能辨识并承认本质上更为合理的罪疚感会带来巨大的心理后果。

荣格使用"集体罪疚"一词以区别于"个人罪疚"。但是这种区别并不明确。荣格并非表明个人罪疚只来自个体的具体情况；它也会表现为原型因素。而且，集体罪疚也可能侵袭个人。集体罪疚可与命运、诅咒或某种形式的污染（参见 collective **集体**；Self **自性**；unconscious **无意识**）相比较。荣格关于集体罪疚的举例，是战后希特勒对犹太人所犯罪行被揭露之后，一个非纳粹的德国人可能会有的感觉。

为避免向外投射**阴影**（shadow）的内容，让他人的罪疚侵袭自己，激起道德谴责，罪疚感可能是必要的。因此荣格与弗洛伊德相异；荣格认为要避免神经症，可能需要有罪疚感。即使并不理性，我们仍会被引向充满触发点的无意识领域。荣格这一想法的中心是他坚信阴影的**投射**（projection）会削弱人格，甚至可能完全毁灭人性。

---

① Jaffé，1971.
② Odajnyk，1976.

罪疚感激起对什么是**恶**（evil）的反思——这与对什么是善的反思同样重要。"在万不得已时，没有任何善的事物不能产生恶，也没有任何恶的事物不能产生善。"①

参见 super-ego **超我**；morality **道德**。

———————————

① *CW* 12，para. 36.

H

healing　治愈

荣格常用以指称**分析**（analysis）的意图，与客观的"**疗愈**"（cure）有隐含的差异。[①] 治愈的目标或最终结果，是由参与其中的个体以及个体潜在的**整体性**（wholeness）所可能采用的形式来定义的（参见 individuation **自性化**）。荣格认为弗洛伊德坚守某些特定技术，有鉴于此，荣格就更着重强调分析师的人格品质；再加上他希望把分析与一般的医学区分开来，因此他将治愈称为一种艺术——有时甚至称这是一种"实用艺术"。同时，他也将治愈与同情心联系起来；现代人尝试把治疗关系中的有效元素定性为治疗师的温暖、真诚和共情，正与这一观点异曲同工。我们可以用精神病理学观点来看待症状，也可以将其视为治愈的自然尝试（参见 pathology **病理学**；self-regulatory function of the psyche **心灵的自我调节功能**）。

受伤的治愈者这一意象有时会被用来说明分析的各个方面。迈尔[②] 对比了古代阿斯克勒庇俄斯（希腊神话中的医疗之神）神庙的疗愈方法与分析治疗的相似之处。治愈的做法是在一个封闭的环境中——**神圣空间**（temenos）或寺庙神殿——促进睡眠，希望"患者"能做治愈之梦。治愈技术的传授者半人马喀戎，被描绘为受了无法疗愈之伤。分析师可以被视为受伤的治愈者，这种允许退行以及放弃超意识功能的分析环境

---

① 参见 Gordon，1978。
② Meier，1967.

可以起到神圣空间的作用（参见 analysis **分析**；analyst and patient **分析师与患者**；regression **退行**）。

古根鲍尔-克雷格[①]又对此做了进一步的发展。受伤的治愈者的母题是某种原型的象征性**意象**（image）。这就是为什么它可以包含两个看似矛盾的元素。但在我们的文化里，我们往往将这一意象分割开来，让任何助人关系中的分析师形象变得全能：强大，健康，有能力。患者仍然不过是个病人：被动，依赖别人，"需要住院治疗"。如果所有的分析师都有内在伤口，那么一位分析师将自己表现为"健康"的，就是将自己与内在世界割裂出来。同样，如果患者仅仅被视为"病了"，那么他也与自己内心的健康或者治愈自己的能力割裂了。理想的情况是，虽然患者可能一开始将自己的自愈能力投射到分析师身上，不过之后又得以取回这种能力。分析师则将自己受伤的体验投射到患者身上，以便从情感意义上去理解患者（参见科胡特对共情的定义："替代性内省"）。

训练分析的制度即是认可分析作为一个职业会吸引"受伤的治愈者"这一事实。越来越多的证据表明，这适用于所有的治疗行业，甚至可能是从事此类工作的一项资格。[②] 荣格强调，分析师只能带他人走到自己所经之地。

关于治愈，荣格还进一步做出了几点文化方面的考察：（a）**初始化**（initiation）指向治愈。（b）宗教起到"宏大的心灵治愈系统"的作用。[③] 参见 religion **宗教**。（c）**牺牲**（sacrifice）是治愈必需的条件——无所失即无所得；要做出的牺牲可能是字面意义上、象征意义上、身体上或是财务上的。（d）对治愈有普遍的需求和兴趣。

---

① Guggenbühl-Graig，1971.
② Ford，1983.
③ *CW* 13，para. 478.

hermaphrodite　雌雄同体

一种男性与女性在不知不觉中联体的原始结合。在众多意象中，**衔尾蛇**（uroboros）对这一未分化状态具有尤为惊人的象征性。

这个术语被应用于炼金术中时经常被指为是"能保证产生作品的"一种双性状态。尽管如此，比起雌雄同体，对最终的转化更好的定义应该是**阴阳同体**（androgyne）。因为男性化的精神方面和女性化的肉体方面乃是从初始的物质——炼金术士所称的原料——中去融合，转化过程所产生的石也将包含这两方面，并以分化后的形式同等共存。

荣格认为雌雄同体的形象十分怪异，并感到这一形象完全不能准确地代表**炼金术**（alchemy）艺术的理想和目标。对于如此崇高的精神目标竟可以用这样一个粗糙的**象征**（symbol）来表示这一点，他归因于是炼金术士脱离了心理或是宗教的参考框架，所以未能从无意识和本能性欲的掌控中解放自己。不过，如果我们将**炼金术**（alchemy）作为现代**无意识**（unconscious）过程的投射来考虑，在**分析**（analysis）初始阶段与男性和女性这一对特定的**两极**（opposites）进行工作时所遇到的困难，则正好比照出雌雄同体象征的特殊魅力以及对它的反复强调。

hero　英雄

一个神话的母题，对应于人的无意识**自性**（Self）；根据荣格所述，英雄是"一个准人类的存在，象征着塑造或掌握了**灵魂**（soul）的观念、形式及力量"①。参见**神话**（myth）。英雄的意象体现了人最强大的志向，并揭示了实现志向的理想方式。

英雄是一个过渡性的存在，具有**玛那人格**（mana personality）。与英雄最相近似的人类形态是牧师。从心灵内部来看，英雄代表为追求**整体性**（wholeness）或**意义**（meaning）而寻求并接受反复转化的**意愿**（will）和能力。因此，他有时看来是**自我**（ego），有时又像是自性；他就是**自我-自性轴**（ego-Self axis）的化身。

英雄的整体性意味着他不仅能够承受，而且还能有意识地使**两极**（opposites）保持巨大的张力。荣格认为，要做到这一点，就必须担负起**退行**（regression）的风险，从婴幼儿期就开始一再将自己故意暴露在"受母性的怪物吞噬"的危险中。荣格所指的母性的怪物即为**集体**（collective）心灵。

荣格讨论英雄的母题时，曾费尽心思指出其中的危险。对于一个如此重量级的形象，我们不能照单全收，而是需要极其仔细地对其进行分析性的描绘和**分化**（differentiation）（参见 analysis **分析**）。这个意象的价值在于它在心灵内部的运作。对英雄**意象**（image）的**认同**（identification）显然十分荒谬；可是面对**原型**（archetype）时，我们往往会缺乏幽默感和分寸。正是对英雄意象的诚心追求，在目的优先于过程的时候导致了过度理性化以及努力达成目标的假造意识；而这个目标恰恰只能通过与自己的**无意识**（unconscious）对话来逐渐实现（参见 analyst and patient **分析师与患者**；dreams **梦**；individuation **自性化**）。

一如荣格正确地预见到的，一个具有广泛的集体吸引力的原型将不可避免地出现集体表达并引来**投射**（projection）。由于分析心理学作为

---

① *CW* 5，para. 259.

一种职业的年月尚短，早期诠释者们对其所采取的行动使分析心理学不得不面对这个问题。因为这一母题超自然的吸引力和感染力，近年来已倾向于淡化其重要性。

homosexuality　同性恋

我们必须弄清楚荣格所指的同性恋是一种导致性活动的外在或是潜在性取向，还是一种内在世界的倾向。毫无疑问，荣格认为同性恋行为是有局限的，虽然他也承认某些人有经历同性恋期的心理需要。另外，同性恋本身被认为是性欲的组成部分。荣格评论道，假如性欲只是由一个固定的异性恋定量组成，那么我们就不会需要像力比多或者心灵**能量**（energy）这样的动态概念了。同性恋也许是婴儿期多形态性欲的残留物，但作为内在世界的一个因素，它是不可避免且有潜在的心理价值的（参见下文）。

关于同性恋的原因，荣格似乎采取结构性和发展性的观点，虽然这两类观点有重叠。从心灵结构的立场来看，同性恋可被视为对对立性向成分的认同；**阿尼玛与阿尼姆斯**（anima and animus）分别对应男人和女人（参见 psyche **心灵**）。荣格的看法是，主要为无意识的对立性向成分反映了一个人身体性别的反极。认同阿尼玛的男人的人格担当了女性化的角色，认同阿尼姆斯的女人则担当了男性化的角色。在这种情况下，女性化的男人会寻求男性伴侣，而男性化的女人则会寻找女性伴侣。想必双方的伴侣都是受相同的心理吸引。男人看来可能是将自己的男性气质投射到另一个男人身上，女人则将她的女性气质投射到另一个女人身上。[这一构想同样适用于异性**婚姻**（marriage）。]荣格的这种结构性观点也显示在临床上。一些男同性恋者理想化或是过度重视阴茎；经过分析，阴茎原来代表了他们自己的男性气质。这样的男人很容易对年纪较大、社会地位更稳定的男人形成父亲移情。有些女同性恋者则理想化她们在关系中获得的姐妹情——这是对她们所投射的女性气质的过度重视。

从发展性的角度来看，荣格视同性恋为对与异性父母关系的一种表达。他指的是一种过度的参与，一种强于一般的纽带，一个过度发展的母亲情结或父亲情结（参见 complex **情结**）。乱伦的禁忌阻止了异性恋性冲动继续下去，同性恋成为释放性能量的唯一途径，而把所有的情感活力都留在孩子与同性父母的关系中。

再者，孩子非异性恋的身份，也开辟了一条使其能够安全地与异性父母缔结精神婚姻的道路。这助长了一种相互的倾慕。根据荣格所说，这种无性亲子婚姻的**意象**（image）是一个普遍的母题，它意味着一种**整体性**（wholeness），从而拥有吸引人的力量。尤其是母亲，可能会从儿子的同性恋中获取一种无意识的满意。荣格的看法是，这样的情况尽管会使母亲有意识上的焦虑和忧伤，但能够在精神上满足她。

荣格还评论过同性父母的角色。他认为这是一个惩罚性的父母意象，它站在孩子和异性父母之间，并迫使他们采取非异性恋的关注模式。

结构性的念头［男人的**男性化**（masculine）元素和女人的**女性化**（feminine）元素的**投射**（projection）］也可以应用于此。父亲意象可能是这一投射的载体，并因此成为男孩的理想对象。这导致后来的同性恋。女孩和母亲之间也会发生类似现象。此外，女人对自己可能没有体验过的好母亲的求索，也可能把她引向同性恋。

如果将同性恋作为一种内在倾向，尤其是将它视为一个积极情结的一部分，荣格对其价值是明确的。荣格虽然是从一个男人的视角来这样写的，但他在对女同性恋的大量论述中，也未曾提及不能将此应用于女性身上。一个有积极的母亲情结和同性恋倾向的男人也可能拥有极强的建立友谊的能力，这往往会使男人之间缔造出令人惊讶的温柔情谊，甚至导致与异性发展出两性之间近乎不可能存在的友谊。他的女性化特质可能培养出很好的品位和审美。他因为几近于女性化的洞察力和分寸感，可能还会有作为教师的极高天赋。他可能偏好历史，以最好的方式保守恋旧，并且珍惜过去的价值观。他通常还具有丰富的宗教情感和精神接受能力。[①]

荣格流派的当代作者们认为，我们必须认识到同性恋本身并非心理病态。许多关于同性恋的理论是基于恐惧和偏见，我们也应该认识到理论不会脱离文化背景而产生。另一些作者则告诫我们，不要在无意中将同性恋理想化。不过，"同性恋"的类别本身看来就存在问题。关于是否应该禁止同性恋参与分析培训，曾有过激烈的讨论。如今主流的荣格式分析培训都没有这样的限制。

hysteria　癔病/歇斯底里症

除了认为弗洛伊德对此也一如既往地高估性欲的作用，荣格对弗洛伊德关于癔病的许多看法是赞同的（参见 psychoanalysis **精神分析**）。这些看法包括：癔病症状是受压抑的记忆以不同形式返回的结果；癔病症状是象征性的，且可以通过**分析**（analysis）来阐释（参见 symbol **象征**）；癔病中存在引起问题的、多余的心灵**能量**（energy，通常是性能量）；癔病的病因可以在患者的个人背景中找到。荣格讨论癔病时，并不像惯常那样总会在个人**无意识**（unconscious）以外再加上一层集体无意识。这个

---

① 　*CW* 9i，para. 164.

十分值得注意的事实，也许正反映了荣格大多数关于癔病的著述都是来自他最早研究精神病的时期，而当时他证实或讨论的往往是弗洛伊德的理论。荣格最早期对精神病的兴趣在于改变了的意识状态或者半意识状态（"神秘"现象、梦游症、癔病）的总体领域。参见**精神**（spirit）。

荣格在癔病方面的贡献可概括如下：

（1）**字词联想测试**（word association test）（参见 association **联想**）显示了保密在癔病中所起的核心作用（即癔病是被禁止的——因此也是本质为性方面的幻想被揭露了）。

（2）在癔病中，心灵将本身分为多个相对自主的情结的自然倾向失去控制，使一个或多个情结侵入并占据身体（参见 complex **情结**；possession **占据**），发生某种形式的人格解体。癔病的躯体症状可以被看作这种病态情结的象征性表现（参见 dissociation **解离**）。

（3）运用**类型学**（typology），荣格的结论是，癔病可被视为一种外倾的障碍［**精神分裂症**（schizophrenia）为内倾］。癔病患者通常需要其他人参与到自己的困境中，是因为他们将这些困境投射到外在世界（因此为外倾）。癔病患者对周边世界的影响就是其内在状态的迹象。一个简单的例子是，癔病造成的腿部麻痹使患者在走动时需要寻求其他人的帮助。没有什么能更清晰地表明患者的退行状态，以及他/她未被满足的婴儿期需要了。

（4）由于（3）所述，癔病患者往往表现为领袖人物。荣格认为希特勒便是一例。荣格将纳粹主义评论为一种"集体癔病"（参见 guilt **罪疚**）；在这样的情况下，一个大群体将自己的一部分分裂开去，然后分裂的这部分"失控"地运作起来。当时希特勒的解离正好与德国人民的解离相符。

idea 念头

荣格以两种方式使用这个词。一方面，这个词意味着源于一个**意象**（image）的**意义**（meaning）——这里的念头似乎是次要的现象。与此同时，"念头"又表示一种主要的心理因素，没有这种因素，就没有具体的情绪或者概念化。

第一种用法是为了避免给人留下意象纯为视觉的印象而发展出的。第二种用法则体现了荣格承继自柏拉图的传统以及他对康德的兴趣。

荣格的用法的好处是强调了我们没有必要严格区分理性和想象产物，两者都可被接受为不同类型思维的证据。在这种用法以及其他的一些方面上，荣格预见了科学方法在笛卡尔哲学之后发生的范式转移。[①]

参见 directed and fantasy thinking **定向和幻想思维**。

identification 认同

一个人人格的一种**无意识投射**（unconscious projection），能够提

---

① *CW* 6，1921.

供存在之原因或者存在方式；投射的对象可以是个人、因由、地方或其他形象。认同是正常**发展**（development）的一个重要组成部分。在极端的情况下，认同会表现为**同一性**（identity），甚至可能导致**膨胀**（inflation）。对他人（例如说分析师）的认同从定义上来说就排除了自性化。幸运的是，即使在成人身上，认同与不认同的进程也可以在不同的发展程度上同时发生。

参见 object relations **客体关系**。

identity　同一性

一种无意识倾向，使人表现得好像两个不同的实体实际上是完全相同的一样。这些实体可能均存于内部或外部，又或者发生在于内部与外部的元素之间（荣格并不以"个人身份"的意义来使用这个词；参见 ego **自我**）。

荣格对婴儿心理的看法是，婴儿存在于与父母尤其是与母亲一致的同一性状态中。也就是说，婴儿很少甚至没有自己的心灵生活，而是分享父母的心灵生活。显然，事实并非如此（荣格自己也否认了这一点，他观察到新生儿具有复杂的心理；参见 infancy and childhood **婴儿期与童年**）。因此，对于荣格的这一看法，后来的分析心理学家们都只采用了修正后的版本。

同一性现在作为一个通用术语，涵盖了婴儿期主体与客体之间尚未出现明确意识分化时的所有现象。同一性可以在隐喻意义上用来表示婴儿对自己与母亲融为一体（同体同心）所产生的正面和负面的意象、幻想以及感受。同一性多少被看作一项成就；由婴儿积极接近行为引导的母婴双体，必须在依恋-分离过程发生之前进入这一状态。[①] 参见 *participation mystique* **神秘参与**，即近似于完全同一性的状态。

荣格坚持认为同一性是天生存在的状态（"原始"同一性）；这一意见经过修改后，涉及使我们能够进入同一性状态的、与生俱来的原型能力（参见 archetype **原型**）。用通俗的语言来说，一个人如果离得远了，就不能建立个人的依恋——正如一个人没有依恋也就无从分离一样。事件发生的顺序是：（a）出生时，母亲和婴儿在心理上是相互独立的。双方都生来就有能力进入同一性的状态。（b）达成同一性的状态。（c）由此状态发展出个人的依恋。（d）再由个人的依恋开始分离。

两极（opposites）的理论保留了荣格对同一性的先验观念。同一性支撑了我们所理解的两极。[②]

荣格也使用同一性这个词来概括他对心灵与物质之间的首要联结的推论结果（参见 psychic reality **心灵现实**；psychoid unconscious **类心灵无意识**；synchronicity **共时性**；*unus mundus* **一元宇宙**）。

image　意象

我们固然可以指明荣格是在何时何处定义了**象征**（symbol），但要描述他对意象之主张的演化过程，就不那么容易了。也许从谈论象征到着重于意象的进展确实是分析心理学后荣格时期的一个现象[③]；但仔细察看荣格的著作，又会发现他似乎支持以下定义：**意象**，无论是个人的

---

① Fordham，1976.
② Hillman，1979.
③ 参照 Samuels，1985a。

还是集体的，作为象征所嵌入的背景，其中包含或是增强了象征。

荣格毕生的研究及其论著似乎都由某些心灵构造所主导。他围绕这些心灵构造做**周行**（circumambulation）运动，每一次都看得更加深刻、更加清晰，使他能够充分塑造出它们的基本形式。因此，尽管荣格在职业生涯中数度将象征和意象两个词几乎作为同义词来混用，但从长远来看，他设想中的意象显然先于其象征性的组成部分，且大于这些部分的总和。用荣格自己的话来说："意象是心灵境况整体的一种浓缩表达，不仅仅是甚至并不主要是单纯的无意识内容。"①

荣格对意象的理解随着其人生历程而改变。他最初将意象构想为一个概念，后来又将其体验为一种陪伴式的心灵存在。荣格最能说明问题的发现，可能是心灵本身的进程并不"科学"，而是意象式的；也就是说，心灵并非采取假设和模式的方式，而是通过**神话**（myth）和**隐喻**（metaphor）来运作的。这一发现是经过实证验证的。然而关于意象，荣格又说道：

> 意象毫无疑问表达了无意识内容，但并非内容整体，而只是那些暂时聚集的部分。这样的聚集一方面来自**无意识**（unconscious）的自发活动，另一方面由于那一瞬间的意识境况……对其意义的**解释**（interpretation）不能仅从意识或无意识着手，而必须从这两者的相互关系出发。②

这就突出了情绪和**情感**（affect）之于意象的地位。从因果关系、理论或科学的角度来看，意象被认为是客观的；然而究其本质也是非常主观的（参见 reductive and synthetic methods **还原与合成方法**）。意象是承载两极的容器，因此与作为两极之调解者的象征截然不同。意象并不依附于任何位置，但意象的元素在两极中都可寻见。举例来说，**阿尼**

---

①　*CW* 6，para. 745.
②　同上。楷体强调处为作者后补。

玛（anima）的意象就同时既是内在又是外在的体验；"母亲"或"女王"的意象也同样如此。两极经分化又重新统一后，将成为一个更新过的、更具有意识的意象的一部分；**分析**（analysis）的工作在某种程度上就包括对此的准备。也就是说，真实的生活同样是心理的生活。

意象总是个体对感知到的和可感知的、理解了的和可理解的总体性的一种表达。虽然荣格尤其在晚年时将原型意象和**原型**（archetype）本身划分开来，但实际上正是意象对观者（如梦者）产生了一定程度的扰动，促使他能够体现或实现（意识到）他所看到的意象。据荣格所言，意象被赋予了一种生成力；意象的功能就是要唤起欲望；意象在心灵上是引人入胜的。

总之，意象有诞育类似物的能力；意象朝向其实现的运动是一个发生在我们个人身上的心灵过程。我们既从外部观察这场戏剧，又身处其中充当角色或受其苦难。荣格写道："**幻想**（fantasy）正在发生，并且同作为一个心灵实体的你一样真实，这是心灵的事实。如果带着自己的反应进入内部这个关键操作无法进行，那么所有的变化都只能留给意象的流动，而你自己则一成不变了。"① 心理生活最为强调需要对意象做出主观反应，从而建立关系、对话、参与或互相让步，最终引致对人和意象两者都会产生效果的**精合**（*coniunctio*）（参见 active imagination **积极想象**；ego **自我**；transcendent function **超越性功能**）。这种关系以对共情、关联性和厄洛斯的重视为象征，是当下分析心理学家关注的焦点。

虽然个体的象征吸引了大量关注，但希尔曼②也曾试图澄清意象的概念。科尔宾③曾就个体与意象之间恰当的关系如此表示："意象开辟了道路，引向超越意象本身、它所象征的事物。"荣格的陈述更确证了

---

① *CW* 14，para. 753.
② Hillman，1975.
③ Corbin，1983.

这一点："当意识心智积极参与并体验过程中的每一阶段或至少直观地理解这个过程时，那么下一个意象（原始意象的放大）总是从已经赢得并发展了目的性的更高层面开始的。"① 参见 imago **意像**；psychic reality **心灵现实**；teleological point of view **目的论观点**。

imago　意像

荣格在 1911 年至 1912 年间提出了这个术语②，后在精神分析中使用。使用"意像"来代替"意象"，是为了强调后者——尤其是关于他人的意象——是主观产生的，即主体是根据其内在状态和动态来感知客体的。此外还有一个特点：许多意象（例如父母的意象）并非来自对作为这一意象的某一特定人物的实际个人体验，而是基于无意识幻想或衍生自**原型**（archetype）的活动（参见 complex **情结**；fantasy **幻想**；God-image **神意象**；Great Mother **大母神**；image **意象**；symbol **象征**）。

incest　乱伦

与弗洛伊德不同，荣格并未从字面意义的角度看待乱伦的冲动，虽然他也不免要评论孩童表达乱伦冲动的实际方式。③ 不过，荣格把乱伦**幻想**（fantasy）视为对心理成长和发展道路的一个复杂的**隐喻**（metaphor）（参见 acting out **表演**；enactment **表现**）。他的想法应用并扩展

---

① 　*CW* 7，para. 386.
② 　*CW* 5.
③ 　*CW* 17，"Psychic Conflicts in A child".

了人类学家兼分析师莱亚德的研究①。

荣格的观点是，当一个孩子经历乱伦的感受或幻想时，他或她可以被看作在无意识中试图通过与母亲或父亲的亲密情感接触，在自己的人格上添加更为充实的体验层面（参见 teleological point of view **目的论观点**）。乱伦冲动的性欲方面确保此类经历是深刻而有意义的——性欲感受无法被忽视。不过乱伦禁忌防止了肢体表达，且有其自身的心理目的（参见下文）。

当一个成人以一种乱伦的方式退行时，可以视为其试图从精神上和心理上给自己充电、让自己再生。因此，**退行**（regression）必须不仅作为一层**自我**（ego）防御而受到重视。对于一个成人，乱伦退行通常但并不一定朝向某一个特定的人物或**意象**（image）（例如对某人的"迷恋"）。一个人所身处的状态也可标志着此类退行：宁静的，漂浮的，梦幻般的，同体同心。研究艺术创造过程的人们早已注意到了这种状态正是艺术家创造过程中的神秘状态或创意遐想。

对成人自我行为的暂时放弃，会带来一次与内在世界和存在理由的全新遭遇，令人精神焕发。对于孩子（或是对另一人抱有乱伦迷恋的成人）来说，性元素代表象征性地进入这一状态，以及由此而得到的奖励。反思其象征意义可发现，可能进行性行为的两个身体即代表心灵尚未整合的不同部分。性交标志着这些部分的整合，而可能由此诞育的婴儿则象征着成长和再生（参见 alchemy **炼金术**；symbol **象征**）。

乱伦退行有时会成为对一种不同的统一的搜寻，这种统一即对他人的掌控。荣格强调，这对摆脱与父母融合的状态至关重要（参见 identity **同一性**；*participation mystique* **神秘参与**）。这是发展过程的寻常任务，对于一个成年人来说也是与成年现实的必要对抗。幸运的是，统一

---

① Layard，1945，1959.

的状态也有其缺点；这种状态可能会给人以吞噬和无休止的危险感觉（参见 death instinct **死亡本能**；Great Mother **大母神**）。

荣格是从一个男人的角度，依据与母亲乱伦的纠缠或是对母亲的退行去发展这些对乱伦的想法的。① 这个模式应当也适用于女儿与父亲的关系。对于一个女孩来说，这意味着她必须体验一种带有情欲色彩的、与父亲的深层联结。对于成年女子，她的体验则可能采取一种基于父亲的退行形式。可是如果这层象征性的情欲关系没有发生，那么因为父女距离得太远，他们之间的关系无法对她产生深远的影响，父亲也就不能启蒙女儿进入更深层的心理（参见 initiation **初始化**）。

父亲与女儿之间的差异可说是天差地别；父亲是来自另一个世代的男性（参见 opposites **两极**）。这给了他扩展和深化女儿人格的潜力。但父亲与女儿同样是家庭的一分子，这使得他就肢体的表演而言是"安全"的。家庭和爱的纽带鼓励父亲在感情上对女儿的成熟有所投入，但父亲/女儿的结合则是被禁止的。

当这些相互作用的象征本质被忽视不顾时，就会造成实际乱伦的情况；这可能是由于父亲自身的乱伦渴望未得到解决。父母对情欲的抽离或冷漠同样有损于孩子的心理性欲发展。这个问题对于女孩来说也许比男孩更严重。母亲已经体验过且习惯于与她的孩子有亲密的身体接触以及随之而来的兴奋。父亲则可能会觉得与女儿的这种体验无法忍受而压制情欲——对女儿的性欲显示出嘲弄，或为其设置过于僵化的界限。在文化上，因为男人可能被禁止表达情绪，父亲可能也受到更大程度的抑制。

荣格赋予乱伦禁忌以特别的心理价值和作用。这是他在承认乱伦禁忌对维护健康**社会**（society）的作用之基础上的补充——婚姻关系必须

---

① *CW* 5.

建立于指定的家庭单元以外，以免**文化**（culture）本身停滞或倒退。但是，将乱伦禁忌视为文化适应或**超我**（super-ego）对"天然"的乱伦冲动的禁止，是一个错误。乱伦冲动和乱伦禁忌是天生的一对；如果忽略冲动，只回应禁忌，也就等于建议我们出于挫折而抬高**意识**（consciousness），这是理性的、干巴巴的谬误做法。另外，依冲动行事而忽略禁忌，则会导致父母专注于短暂的愉悦而利用孩子的弱点。不过，在乱伦的情况下，孩子也可能利用自己与力量强大者之间的特殊关系来获益。

我们可以补充一条：乱伦禁忌的一个功能是强制个体考虑他可以或不可与之交合的对象。因此，他就必须把可能的配偶作为一个个体看待。只要选择受限，就突出了可选择者（即使在包办婚姻的系统中这也是事实）。依此考虑，乱伦禁忌巩固了我–你的关联。①

在**分析**（analysis）中，**分析师与患者**（analyst and patient）之间产生性吸引力是很常见的。荣格关于乱伦幻想之心理方面的想法，可用于补充对恋母情结的动态理解，以强调情感的象征方面，使发生有伤害性的表演的可能性降低。但我们的目标不仅仅是帮助分析师坚持禁欲的规则。因为，在这样一个看似婴儿期性欲化的心智状态中，可能封锁着重要心理发展的起源。

参见 energy **能量**；psychoanalysis **精神分析**。

individuation　自性化

一个人成为不可分割的、完整的自己，清楚区分于其他人或集体心理（虽然也涉及其他人和集体）。

---

① R. Stein, 1974.

　　自性化是荣格对人格发展理论所做贡献中的关键概念。因此，它必然与其他概念交织在一起，特别是**自性**（Self）、**自我**（ego）、**原型**（archetype），以及**意识**（consciousness）的合成和**无意识**（unconscious）的元素。其中最重要的几个概念的关系，可以简单表述为：自我之于**整合**（integration）［在社会方面被视为**适应**（adaptation）］正如自性之于自性化（自性体验和自性实现）。分析防御［例如**阴影**（shadow）的**投射**（projection）］会增强意识，自性化的过程则是以自性作为人格中心**周行**（circumambulation），从而使人格变得统一。换句话说，人会意识到他或她如何既是一个独特的人，同时又只是一个普通的男人或女人。

　　由于上述内在的悖论，无论在荣格的论著里还是在"后荣格学者"的研究中[①]，对自性化的定义都比比皆是。荣格通过哲学家叔本华取用了术语"自性化"，但其实这一术语可以回溯到 16 世纪的炼金术士杰拉德·多恩（Gerard Dorn）。这两个来源都谈及自性化原则。荣格将这一原则应用到心理学上。在 1913 年完成、1921 年出版的《心理类型》一书中，我们可以找到首次公布的自性化的定义。[②] 其中强调的特性有：（1）自性化的目标是人格的发展；（2）这一过程预设且包括了**集体**（collective）关系，即不会在隔离的状态下发生；（3）自性化涉及在一定程度上反对没有绝对效力的社会规范："一个人的生活越是符合集体规范，其个体的不道德程度就越高。"[③] 参见 morality **道德**。

　　自性化的词源强调了它的统一方面。"我用术语'自性化'来表示一个人成为'独特自己'的过程，即个体是独立的、不可分割的统一体或完整体。"[④] 荣格在不同背景下所描述的这一现象，总是与他自己的

----

① Samuels, 1985a.
② *CW* 6，paras. 757 - 762.
③ 同上。
④ *CW* 9i，para. 490.

亲身经历、他与患者进行的工作以及他的研究，尤其是对**炼金术**（alchemy）和炼金术士的心智的研究紧密相关。因此根据荣格当时最接近的信息来源，对自性化的定义或描述重点也就有所不同。

荣格在后期的著作中①指出对整合与自性化的区分显然一直存在困难："我一再注意到自性化与自我进入意识的过程被相互混淆了，并且因此将自我与自性混为一谈——这自然使人茫无头绪。于是，自性化无非就成了自我中心和自体性行为。自性化不会将世界拒之门外，而是将世界聚集到自己一体。"描述自性化的表现是什么，显然与描述它们不是什么［指自体性行为，即**自恋**（narcissism）］同样重要。此处他又再次说明："个人主义意味着刻意强调并突出一些所谓的特殊性，而不是去注意集体的考量和义务。但自性化恰恰是指更好、更完全地实现集体的品质。"② 或者："自性化的目的，无外乎一方面是从自性上剥除**人格面具**（persona）的虚假包装，另一方面则涉及原始意象的暗示力量。"③参见 archetype **原型**。

我们知道荣格是在 1916 年左右开始画**曼荼罗**（mandalas）的；那是他与弗洛伊德决裂后不久，也是他生命中极不平静的一段时期。《荣格全集》第九卷上篇中有一个章节题为《自性化进程研究》（A Study in the Process of Individuation），它是基于一个案例研究而作的，其中患者的**画作**（paintings）占了重要的地位。有些人可能会觉得在自性化中，体验内在心灵世界优先于体验人际关系；考虑到荣格的内倾性格与其早期对心灵内在素材的注重，会给人带来这样的印象并不奇怪。荣格在《弥撒中的转化象征》（Transformation Symbolism in the Mass）④ 中

---

① *CW* 8，para. 432.
② *CW* 7，para. 267. 楷体强调处为作者后补。
③ *CW* 7，para，269.
④ *CW* 11.

进一步说明了基督的自性化；这篇文章，以及大意为自性化的影响并非人人皆可承受的说法，可能导致了自性化是一个精英论概念的见解。

荣格表示自性化是相对比较少见的一个现象，可能也无意中加强了上述的误解。虽然选择戏剧性的例子可能能够更轻易地说明，但其实自性化常常发生在并不引人注目的情况下。一个自然发生的事件（如出生或死亡），或者有时是一个技术过程，都可能带来转化。在我们这个时代，上述的一个突出例子就是**分析**（analysis）的辩证式进程；由此过程，分析师变得不再是过程中的媒介，而是共同参与的同伴。在这种情况下，恰当地应对移情可能至关重要（参见 analyst and patient **分析师与患者**）。

对内在世界及其引人入胜的意象投入强烈情感，有其危险之处。其中一项是，这可能导致自恋的成见。另一项危险是把各种表现，包括反社会活动甚至精神崩溃，都作为自性化过程的合理结果。分析中的移情起着决定性的作用，因此必须补充的是：自性化，以炼金术的语言来说，是逆自然的成果（*opus contra naturam*）。也就是说，一方面，我们必须抗拒**乱伦**（incest）或亲属关系的力比多；另一方面，我们又不能轻视这种力比多，因为它是一个重要的推动力。

至于方法论，自性化既不能由分析师诱导，当然也不能应分析师的要求而达成。分析只是建立了一个有利于这一过程的环境：自性化不是由正确的技术得出的结果。但是这确实意味着，分析师必须经由亲身体验才能对自性化（和/或自性化的缺乏）有一定的了解，也才能对患者的无意识产物——包括躯体症状、**梦**（dreams）、**幻景**（visions）、绘画等（参见 active imagination **积极想象**）——对患者可能有的意义抱持开放心态。我们自然也可以像荣格曾明确提到过的那样①谈论自性化的精神病理

_____

① 例子可参见 *CW* 9i, para. 290。

学。自性化期间常见的危险，一方面是**膨胀**（inflation，轻度躁狂），另一方面则是**抑郁**（depression）；也可见出现精神分裂式的崩溃。

荣格指出，精神质的念头与神经质的内容不同，是不能整合的。[①]精神质的念头一直保持无法接近，并且可能会淹没自我；其本质是令人难解的。我们可以想象，表达人格中心（自性）的思想和意象，从这种意义上说，是"精神质"的。自性化被认为是一个无法回避的问题，分析师能做的只不过是聚集起他所有的耐性和同情来袖手旁观。每个个案的结果都是不确定的。自性化至多是一个潜在的目标，将其理想化比实现这个目标要容易得多。

凡有一个中心和一个圆（通常外有方框）的地方，曼荼罗和梦都指向自性的象征意义。而荣格著作中多有载录及图解的自性象征，则出现在自性化过程"成为意识审查的对象，或是集体无意识在意识心智中布满了原型人物之处，一如**精神病**（psychosis）的情况"[②]。自性的象征有时等同于神（东西方均如此），自性化过程也带有宗教色彩，就像一些精神质的内容也有"宗教"色彩一般，不过其中可能有微妙的区别。荣格曾一度这样回答一个向他提出的问题："自性化是神的内在生命，正如曼荼罗心理学所清楚表明的那样。"[③]

有些本质为人际交往的环境，可借以进行自性化工作；分析和婚姻都是具体的例子。两者都需要奉献，并且是艰巨的旅程。一些分析师将每个同伴的心理类型视为是至关重要的（参见 typology **类型学**）。无疑其他一些人际关系在结合了对个体内在事件多少是有意识的观察之后，也可以促进自性化。荣格曾写到自性化属于生命的后半段；自那之后最

---

① *CW* 9i，para. 495.

② *CW* 16，para. 474.

③ *CW* 18，para. 1624. 楷体强调处为作者后补。

重要的理论发展，就是将自性化这一术语也延伸至生命的开端。①

一个悬而未决的问题是，整合是否有必要先于自性化而发生。当自我强大（经过整合）到足以承受自性化突然爆发而非悄然进入人格时，显然自性化成功的机会更大。伟大的艺术家们（例如莫扎特、梵高、高更）毋庸置疑已达成了自我实现，但有时又似乎保留了婴儿特性的构成和/或精神病的特征。他们完成自性化了吗？在他们已与其人格完美结合的才华方面，答案是肯定的；但就个人的完整性和关系而言，回答却可能是否定的。

最后，还有一个关于自性化、关系到每一次深入的分析以及社会整体的问题：如果只有极少数的人走上了这段艰巨的旅程，那么他们对其余的人类会带来任何不同吗？荣格的回答是肯定的：分析师致力于工作不仅是为了患者，也是为了分析师自己的灵魂得益。他还补充道："这样的贡献可能微小无形，但也是一项杰作。……**心理治疗**（psychotherapy）的最终问题不是一件私人的事——它们代表一种至高无上的责任。"②

infancy and childhood　婴儿期与童年

荣格对归纳自己对婴儿期与童年的想法这方面鲜有评述，这可能是因为他不愿踏入已被弗洛伊德占据的理论领域。荣格曾申明自己对生命的后半阶段更感兴趣，还关注对还原与合成取向的平衡（参见 reductive and synthetic methods **还原与合成方法**）。不过，我们还是可以清晰地分辨出一种前后连贯的看法。

---

① Fordham，1969.

② *CW* 16，para. 449.

荣格的观点围绕着一个中心问题：我们要把一个年幼的孩子看作父母心理的延伸且受父母的影响，还是更多地把孩子视为从一开始就可辨认出具有自己的人格和个体内在组织呢？在这个问题上，荣格有时自相矛盾；但他的犹豫不决所带来的好处是突出了看似是"真正的"父母形象和通过**原型**（archetype）与体验相互作用而构造的意象之间的张力。因为尽管父母的性格和人生经历对发展中的孩子很重要这一点毋庸置疑，父母却也"不是'父母'，而只是父母的意像：它们是父母的特点与孩子的个人性格相结合的表现"①。参见**意像**（imago）。

这对**分析**（analysis）的启示是：婴儿期的所有事件，无论是内在的还是外在的，都可以被视为是"真实的"，而无须过度关注材料本身是否为事实（参见 psychic reality **心灵现实**）。

以我们今天仍可认出的术语来阐明母婴关系至关重要的先驱之一即是荣格。我们必须将荣格的主张与弗洛伊德的坚持相比较；弗洛伊德认为恋母情结三角会对大多数人施加影响，并将其氛围与变化强加于后来的关系模式。荣格在 1927 年写道："我们所知的关系当中，母子关系肯定是最深切与最感人的……这是我们人类这一物种绝对权威的经验，也是一个活生生的真相。这种关系天生就有……（一种）非同寻常的强烈程度，本能地促使孩子紧抱住母亲不放。"②

关于孩子与母亲的关系，荣格强调了以下三个方面：（a）在孩子的整个成熟过程中都会有对母亲或母亲**意象**（image）的**退行**（regression）；（b）与母亲的分离是一场奋斗（参见 hero **英雄**）；（c）滋养是至关重要的（参见 object relations **客体关系**）。

对于母婴关系的精神病理学，荣格描述了原型期望未能得到满足的

---

①　*CW* 5，para. 505.

②　*CW* 8，para. 723.

结果。如果个人体验不符合期望，那么婴儿就会被迫尝试直接联系支持这种期望的原型结构，试图只基于原型意象来生活。**病理学**（pathology）也缘于仅体验正/负可能性的其中一极所得到的确证。因此，如果婴儿期的糟糕体验占了优势，就会在期望的范围内激活"坏母亲"的一极，且无法抗衡。同样，母婴关系的理想化意象可能导致在整个尺度内仅体验到"好"的一端，使个体始终不能忍受失望或对生活的现实妥协（参见 paranoid-schizoid position **偏执-分裂位态**）。

至于父亲，荣格的著作中出现的主题如下：（a）父亲作为母亲的对立面，体现了不同的价值观和属性。（b）父亲作为一种"灵知"①、精神原则的代表以及父神的个人对应者（参见 gender **性别**；Logos **逻各斯**；sex **性**）。（c）父亲作为儿子的**人格面具**（persona）的模范。（d）父亲作为儿子必须要与自己分化开来的另一个人。（e）父亲作为女儿的第一个"情人"和阿尼姆斯意象（参见 anima and animus **阿尼玛与阿尼姆斯**；incest **乱伦**）。（f）父亲作为出现在分析中的移情的形象（参见 analyst and patient **分析师与患者**）。

原初场景（primal scene）也可从实证与象征结合的视角去看待。孩子对父母的婚姻以及父母互相对待的态度的内化，会影响到孩子以后在成年关系中的体验。不过，从象征的视角出发，孩子基于其父母的婚姻所发展出的意象也是他内在世界情况的表现——父母代表孩子内心的两极或互相冲突的倾向（参见 opposites **两极**；symbol **象征**）。

荣格关于**自性化**（individuation）的想法已被应用到婴儿期，巩固了自性化作为一个终身过程的观点。② 所有的基本成分在孩子两岁前均已齐备：两极，如好母亲和坏母亲的意象，已相互联结了；象征会在游

---

① *CW* 5，para. 70.
② Fordham，1969，1976.

戏中被使用；**道德**（morality）的雏形已在运作；孩子已经将自己与他人区分开来（参见 depressive position **抑郁位态**）。

情结（complex）的概念将婴儿期和童年的事件与成年生活联系起来。

在分析中，我们可以把婴儿或孩童的意象看作是当时仍为无意识的潜力的显现（参见 initiation **初始化**）。

inferior function   劣势功能

参见 typology **类型学**。

inflation   膨胀

指在不同程度上对集体心灵的**认同**（identification），由无意识原型内容的入侵造成，或是意识扩展的结果（参见 archetype **原型**；possession **占据**）。膨胀会使人迷失，且伴有的感受不是大权在握、独一无二，就是一文不值、毫无地位。前者代表一种轻度躁狂的状态，后者则代表抑郁。

荣格写道："膨胀是意识往无意识的退行。当意识担负了太多有意识的内容而失去区分能力的时候，总会发生膨胀。"① 原型的内容"以

---

① *CW* 12，para. 563.

一种原始的力量攫住**心灵**（psyche），迫使它违反人性的界限。其后果是产生自高自大的态度、丧失自由意志、**妄想**（delusion），以及对善恶都一样热情"①。他又补充说，**自我**（ego）膨胀到被等同于**自性**（Self）永远都是危险的。这是狂妄自大的一种形式；因为人与**神意象**（God-image）之间再没有**分化**（differentiation），自性化也就不可能发生。

initiation　初始化

当人敢于违背自然本能、允许自己被推向**意识**（consciousness）时，初始化就会发生。自远古时代起，人类就设计出并行于生命中关乎身体与精神的重要过渡阶段，以及为之做准备的初始化仪式。青春期即是过渡阶段之一例（参见 ritual **仪式**）。此类仪式的复杂性，暗示着当心灵**能量**（energy）必须从已养成的习惯被转移到还不熟悉的新活动时，仪式容器所需的广度和深度。受初始化者将有本体论上的变化，这种变化其后也将表现出可辨识的外部状态改变。让我们再次以青春期为例：男孩成为男人，接管或搬出父亲的家。值得注意的是，一个人接受的并不是对学问，而是对神秘的初始化，所获得的"知识"可称为灵知。

所有的初始化都包含一个相对不那么恰当的状态的死亡，以及一个更新过的、更恰当的状态的**重生**（rebirth）[即**转化**（transformation）]。初始化的仪式是既神秘又可怕的，因为一个人既要面对**神意象**（God-image）或**自性**（Self）的超自然性，又要在**无意识**（unconscious）的驱使下向**意识**（consciousness）推进（参见 numinosum **圣秘敬畏**）。其中就涉及**牺牲**（sacrifice）；带来痛苦的并非任何煎熬或折磨，

---

① *CW* 7，para. 110.

而正是这种牺牲。所以仪式预示着一种阈限或过渡的状态，与**自我**（ego）的暂时丧失相对应。正因如此，受初始化者必须由另一人（牧师或导师）陪伴——这个陪伴者具有**玛那人格**（mana personality），他能够承受受初始化者对自己将会成为什么的投射**移情**（transference），虽然一开始投射内容使用的形象可能是防止受初始化者成为他的那个人物。受初始化者与初始化者两者之间的关系是象征性的。在初始化过程中，个体身上将发生**两极**（opposites）的重新组合——一种涉及精神与物质的**精合**（*coniunctio*）。

初始化对心理生活以及所有顺应变化与成长的先天心理模式的外部仪式都至关重要。仪式或典礼只是被用以在深层次和普遍的变化发生时保障个人或社会不至于解体。因此，荣格的以下论述也就不足为奇：

> 在**分析**（analysis）情况下发生的无意识转化，使分析自然地相似于宗教的初始化仪式；但后者与自然的初始化过程之原则性差异在于宗教仪式预期了发展的自然进程，并以特意挑选、由传统规定的一套象征替代了自发产生的象征。①

同样，我们也毫不惊讶地看到荣格宣称"如今在西方仍存在且进行的唯一'初始化过程'就是医生基于治疗目的而进行的对无意识的分析"②。参见 psychotherapy **心理治疗**。

初始化对于许多第一代分析心理学家来说是一个十分强力的意象。而也许正因如此，心理与教条式的方法之间的二元对立也变得明显起来。对初始化这个由无意识表明、不可预测的意外过程的依赖，也逐渐消退于对**分析**（analysis）阶段的概述、对**自性化**（individuation）过程

---

① *CW* 11，para. 854.

② *CW* 11，para. 842.

的分阶段勾勒，以及对分析师培训水平的分配（参见 analytical psy-chology **分析心理学**）。

　　人类学家及比较宗教学家、曾与荣格共事的密友伊利亚德，在荣格去世后继续研究心理学、人类学和比较宗教学的相似之处。[1] 荣格曾呼吁关注初始化与**治愈**（healing）相联结这一事实，即当一个心理定位不再有用却又不被允许转变时，就会腐化并感染整个心灵机体。亨德森[2]、桑德纳[3]、米克勒姆[4]和基尔希[5]均对初始化及其纯心理功能有所著述。

instinct　本能

　　参见 archetype **原型**；death instinct **死亡本能**；life instinct **生命本能**；transformation **转化**。

integration　整合

　　荣格使用这个术语的方式主要有以下三种：

　　（1）对个体心理状况的说明（或甚至是诊断）。这意味着要查检**意**

---

① Eliade，1968.
② Henderson，1967.
③ Sandner，1979.
④ Micklem，1980.
⑤ Kirsch，1982.

识（consciousness）与**无意识**（unconscious）的相互作用、人格中男性化和女性化的部分（参见 anima and animus **阿尼玛与阿尼姆斯**；syzygy **阴阳并存**）、各种成对的**两极**（opposites）、**自我**（ego）相对于**阴影**（shadow）采取的位置，以及功能与意识态度之间的运动（参见 typology **类型学**）。从诊断上来说，整合与**解离**（dissociation）正好相反（参见 projection **投射**）。

（2）**自性化**（individuation）的一个子进程，大致类似于"心理健康"或"成熟"。也就是说，整合作为过程意味着自性化的基础，却不带有后者所隐含的对独特性和自我实现的尖锐强调。由此亦可得出，整合可能导向一种自人格各方面集聚一起所得到的**整体性**（wholeness）的感觉。

（3）发展的一个阶段，通常处在生命的后半部分。在这个阶段，上述（1）所指的各种动态达到了某种平衡（或者说是冲突与张力的最佳水平）。参见 compensation **补偿**；stages of life **人生阶段**。

interpretation　解释

以一种语言清晰说明另一种语言所表达的事物。所有翻译者都深知，无论那种语言对其文化、生活方式、价值观、时间感与时机感表现得多么传神，要解释另一种语言的微妙之处和细微差别都是非常困难的。当翻译者试图翻译起源、意义和目的都隐晦模糊的心理表达时，就更是难上加难了。然而这正是医生、精神病专家、分析师以及其他心理治疗师所要做的尝试，因为**梦**（dreams）、**幻景**（visions）和**幻想**（fantasy）都是模糊不清的**隐喻**（metaphors）。它们以象征性的语言表达，通过意象的方式来沟通（参见 image 意象；symbol 象征）。

虽然荣格大部分的工作是解释性的，但他对解释技术的直接评论却极少。在对荣格释梦方法的具体提及中，可见以下几点：

（1）解释应为意识带来一些新事物，但既不要反复重申，也不要说教。只有当解释揭示了一个陌生的、意外的或相异的内容时，才是公平对待了梦过程中心理补偿的意图（参见 compensation 补偿）。

（2）解释必须考虑到梦者的个人背景，包括其生活以及心理自传式的体验。这些背景与梦者社会环境的影响（有时被称为集体意识）都是通过**联想**（association）的过程达成的（参见 collective **集体**）。

（3）同样，在相关的情况下，一个梦的象征性内容是通过与文化、历史和神话的典型母题相比较而增强的。这些主题扩大了梦的个人背景，并将它与"集体无意识"联系起来。要做出这样的比较，必须进行**扩充**（amplification）的艰苦工作（参见 fairy tale **童话**；myth **神话**；unconscious **无意识**）。

（4）荣格告诫释梦者要"坚守梦的意象"，尽可能接近被梦到的东西。联想和扩充都被视为使原始意象更加生动、可用、有意义的方法。尽管如此，梦意象仍属于梦者本人，并且一定要指向梦者自己的心理生活。

（5）解释的最终考验在于其是否"管用"，即是否令梦者持有的**意识**（consciousness）态度得以转变。

荣格在梦的研讨会上①谈到解释的两个层次，他称之为主观层次和

———————————

① 1928 年至 1930 年，相关成果于 1984 年出版。

客观层次。此处用语使人困惑。他所说的"主观"是指"深入"一个人的内心或心灵内在变化的层次。他对"客观"这个词的使用暗示着表面的层次，并且将其应用于真实事件发生的现实世界——一个人所栖息并影响他的现实世界。荣格断言大多数的梦可以用这两个层次之一来解释，尽管有些梦明显谈及其中一个层次。

患者需要知道如何与象征性的内容相联系，但术语对患者无甚大用，也不能期望患者去遵循心理治疗师的理论路径。治疗师需要从心理上解释材料，以便分析心灵及原型的现象。但是，如果治疗师太过急于对深入的解释进行清晰陈述，就会有忽视个体参与自身过程之潜力的危险。受原型形象的超自然性所吸引，又或是为治疗师的专业知识所打动，患者会被诱导去讲解说明，而不是认真对待整合无意识内容的必要性［参见上文第（5）点］。患者自己对意象可能一直保持纯为理性的理解，而不带任何个人或心理相关性，这样患者与自己的内在过程之间就不会建立起任何辩证关系。解释的功能正是去培养并维护这种辩证关系。

introjection　内摄

与**投射**（projection）相反，是试图将体验内化。可能是出于类型学的原因（参见 typology **类型学**），被荣格提及的频率远低于投射。作为内倾性格者，荣格会将他的**力比多**（libido）投入内在世界。为了与外在世界相遇、使其生动活跃，他必须向外投射。（外倾性格者会将力比多投入外在世界；为引发内在过程，就必须内摄。）

荣格对待共情的方法中，使用内摄明显多于投射。他将共情描述为将他人的人格或情况置入自己里面，而不是一个人将其自我投射出去——例如说进入另一个人的**心灵**（psyche）。

introversion　内倾

参见 typology **类型学**。

L

libido　力比多

参见 energy **能量**；incest **乱伦**；psychoanalysis **精神分析**。

life instinct　**生命本能**

荣格总是把生命本能与**死亡本能**（death instinct）相互联系，这是因为他的兴趣在于进化与退行的力量在**心灵**（psyche）中交融的方式。例如，死亡的象征和意象可以通过其对生命的重要性和意义来理解，而生命的体验和暗示则需要通过其导向死亡来诠释。总结荣格的观点，就是将生命视为对死亡的准备、将死亡视为生命的必需（参见 individuation **自性化**；initiation **初始化**；rebirth **重生**）。

荣格对"生命本能"的使用并不像弗洛伊德那样精确，他基本不强调自我保存本能和性欲之间的矛盾。（荣格的"生命本能"更容易让人联想到弗洛伊德的"厄洛斯"——人类倾向于收集、整合、团结且因而是进步的趋势，是一种基础、更为广泛的提法。）不过，荣格对生命本能的引用更多地指向一种总体的生命**能量**（energy），一种生命冲动，或生命活力。然而这就导致了概念性的问题；因为如果能量等同于生命本能，但同时又作为死亡本能的燃料，那么结论必然是生命本能即死亡本能的燃料。二元论就会被替换为一个以生命本能为主的模型。为了避免这种情况，荣格通常回到能量为中性，同时服务于生命本能与死亡本能的想法——而这两种本能都被看成是服务于心灵和/或人类的（参见 Eros 厄洛斯）。

Logos　逻各斯

希腊语词，定义为"言词"或"理性"。这一术语在异教及犹太文物中均有使用，也出现在早期基督教的著作中。赫拉克利特将"逻各斯"构想为治理世界的普适理性；荣格似乎也正是采纳和应用了这个意义。但我们也要记住，逻各斯所指的是一个原则，并不具有**神意象**（God-image）的地位，也不是一个原型的隐喻（参见 archetype **原型**）。逻各斯是"根本理性"，是在个体生活中寻求表达的超然理念。因此，每个人都有各自的、最终将其与意义相联结的逻各斯（参见 individuation **自性化**）。

荣格谈及逻各斯时，原则上指其为精神而非实体，并将之归于男性气质。他使用判断、区分和洞察作为逻各斯的同义词，将逻各斯与在他看来是相应的女性原则的厄洛斯区分开来，并使用爱、亲密和关联等词语来描述厄洛斯。根据**物极必反**（enantiodromia）的法则，对一条原则的过度依赖必将导致其反面之原则的聚集——而逻各斯与厄洛斯被置于**两极**（opposites）的对立面，因此强硬坚守逻各斯位置的男人会为相对于逻各斯的、由阿尼玛意象在其无意识中激活的心灵原则所包围（参见 anima and animus **阿尼玛与阿尼姆斯**；compensation **补偿**）。逻各斯所涵盖的理念包括普适性、精神的孕育、明晰性和理性；因此可以与阿尼姆斯相认同。这都与阿尼玛充满个人情感、令人困惑的特质形成对比。

然而阿尼玛与阿尼姆斯两者都驱动着人类的行为（参见 psychopomp **引灵者**）。

　　荣格承认，逻各斯和厄洛斯一样，都是一个既不能准确定义，又不能通过实证观察到的概念。从科学的角度来说，他认为这是十分遗憾的；但从实际的角度来看，又必须将一个体验的领域化为概念。荣格表示，自己原本希望使用逻各斯和厄洛斯之意象的名字——例如炼金术士所使用过的索尔（Sol，太阳）和鲁那（Luna，月亮）——并由此将这些抽象概念拟人化。但他也承认，意象的使用需要一个警觉而活跃的**幻想**（fantasy），因此对于那些必须理性化的人来说就并不总是那么适用了。**意象**（image）更加饱满，但不能单独为心智所理解。荣格对此写道："概念是被创造出来的，其价值可供商讨；意象则是生命。"①

　　有些人认为逻各斯（以及厄洛斯）过于明确，概念化得太过齐整；对此，如果把它们作为总结了活生生的意象各个方面的术语来对待，可能助益更大。逻各斯在荣格的定义中属于男性，在文化中也等同于男人、丈夫、兄弟、儿子和父亲。荣格认为父亲对孩子尤其是对女儿的心智和精神发挥着一种常常是无意识的自然影响。他感觉这有时会使女儿对理性的依赖加强到病态的程度。荣格自己和他的妻子②都把这种情况描述为"阿尼姆斯的**占据**（possession）"。

　　对于在逻各斯支配下的集体会发生什么，荣格有一定的切实观察（参见 collective **集体**）。他认为那是因为父性的原则逻各斯挣扎着要脱离子宫原始的温暖和黑暗。但敢于做此挣扎的精神则不可避免地要经受过度强调父权**意识**（consciousness）的坏处。然而，任何东西都不能脱离其反面而存在；因此，没有无意识，则意识无法存在，没有厄洛斯作

---

① *CW* 14，para. 226.
② C. G. Jung and Emma Jung，1957.

为其补偿的对应方，则逻各斯无法存在。父权位置的捍卫者和女性解放的倡导者双方都应用了荣格这一意见。

荣格还曾一度将逻各斯定义为"思想与言辞的动态力量"[①]。除去男性或女性互补的主张，以这种方式看待逻各斯的概念化，也许更为容易。荣格警告我们，过度重视赋予创造物力量的事物，而不够重视创造物本身是很危险的。在这里，他看到了理性时代的问题。

参见 syzygy **阴阳并存**。

loss of soul　灵魂丧失

一种一开始就威胁着人类的非自然的、神经质的病理状态；指一个人与自己的心灵生活断绝了关系。其标志为**心智水平降低**（*abaissement du niveau mental*），但两者并不完全同义。灵魂丧失的状态通常显现于中年，且可能是进一步自性化的预兆。从**目的论观点**（teleological point of view）来看，荣格相信在这样的时候"个体所缺失的价值可在**神经症**（neurosis）中找到"[②]。此状态伴有精神不振、**意义**（meaning）和目的感丧失、个人责任感减退、**情感**（affect）占据上风，最终导致对**意识**（consciousness）具有解体作用的**抑郁**（depression）或**退行**（regression）（参见 unconscious **无意识**）。荣格指灵魂丧失这一术语为原始族群所使用（参见 primitives **原始人**），并表示此状态如果不加以控制，最终将导致个体的人格散失在集体的**心灵**（psyche）中（参见 collective **集体**；stages of life **人生阶段**）。

---

① 　*CW* 9ii，para. 293.
② 　*CW* 7，para. 93.

M

magic　魔法

为使用、抚慰或消灭**无意识**（unconscious）的力量而试图阻截它们或与之成为一体，从而抵消这些力量非凡的效力，或与它们竞争性地结盟。荣格表示，一个人的**意识**（consciousness）领域越受限制，其心灵内容就越经常作为类似外在的幻影显现，形式不是**精神**（spirits），就是投射在活生生的人、动物或无生命物体身上的魔法力量。他指出，这样的**投射**（projection）即是未经**整合**（integration）的、自动或半自动的**情结**（complex）。

因此，对魔法的信仰意味着个体对无意识仅有很少或没有掌握；进行魔法仪式给相关的个体带来了更强的安全感。这些仪式的目的是保持心灵平衡。能够干预其中的人（魔法师、巫师、女巫、牧师或医生）被认可为具有某种超自然力量，是一个具有**玛那人格**（mana personality）的阈限和原型人物。

male　男性

参见 sex **性**。

mana　玛那

参见 mana personalities **玛那人格**。

mana personalities　玛那人格

玛那一词衍生自人类学，源于美拉尼西亚，指某些个体、物体、行动、事件以及栖于**精神**（spirit）世界者所发出的非凡的、令人信服的超自然力量。现代用词中等同于"魅力"（charisma）。玛那暗示了一种遍及一切、至关重要的力量的存在，也是一种成长或魔法式治愈的初始来源，可以将其比喻为心灵**能量**（energy）的原始概念。玛那既可以是引力又可以是斥力，既可以毁坏又可以治愈，并能以超上位的力量面对**自我**（ego）。我们不应将玛那与只属于神圣存在的超自然相混淆（参见 numinosum **圣秘敬畏**）。玛那是一种准神圣力，依附于魔法师、调停者、牧师、医生、愚者、圣人或神圣愚者——任何对精神世界的参与足以传导或发散其能量的人（参见 magic **魔法**）。

自荣格去世以来，对过渡状态的研究证实：处于阈限期间或临界状态的人，例如新成员、新信徒、患者或接受分析者，特别容易受所谓的玛那人格吸引。此类意象的影响，无论是真实的还是投射的，都是给予个体一种方向感，使**意识**（consciousness）得以切实提升。卡洛斯·卡斯塔尼达所描写的唐璜这一非凡的玛那人格者就是一例。因为确信这样的人物已经达到更高的意识状态，从而建立了实现这种意识状态的可能性，人们也就相信自己与这样的人物为伴即可以实现这种转变。

遗憾的是，对**分析师与患者**（analyst and patient）之间移情关系的科学分析已与上述意象的功效失去了联系。由于力量的投射在过渡期间至关重要，作为过渡性人物，这些意象具有极高的价值；当自我能够代表个体及其自身的目的夺取这些意象的力量时，它们方能得到整合。在**阿尼玛与阿尼姆斯**（anima and animus）被剥除了它们自己半魔法性的吸引力和力量之后的阶段，接受分析者会再次面对玛那人格，但这次玛那人格将向内投射，并通常采取与接受分析者同性的精神存在形式——视具体情况，可能是圣父、**大母神**（Great Mother）、**智慧老人**（wise old man）或**智慧老妪**（wise old woman）的拟人化（参见 energy **能量**；magic **魔法**）。（荣格与一个此类形象的关系持续终生，这个形象即他曾绘出并与之反复对话的腓利门。）依照荣格的描述，玛那依附于"所渴望的人格中点……那难以言喻的某种东西，处于**两极**（opposites）中间或联合两极，或是冲突的结果，又或是能量张力的产物：人格的随之诞生，意义深远的一步前进，下一阶段"[1]。

当自我有意识地面对**自性**（Self）时，玛那人格就会出现。荣格将它们视为单纯的父亲或母亲**意像**（imagos），即把它们削弱到"仅仅是"或"只不过"如此。玛那人格作为一个无法腐蚀的理想意象，对于**初始化**（initiation）的过程是必不可少的；一个人经历了这个过程后会有一种更新了的个体感。但是过渡期间所固有的危险是，我们会认同玛那人物并因此产生**膨胀**（inflation）（参见 identification **认同**；identity **同一性**）。

mandala 曼荼罗

梵文词，意为"魔圈"，指一种外圆内方或外方内圆的几何图形。

---

[1] *CW* 7，para. 382.

这种图形多少带有规则的进一步分割，可一分为四或四的倍数；取决于视角，可将其看成从一个中心发散向外或从外收拢至中心。荣格把曼荼罗解释为**心灵**（psyche）的尤其是**自性**（Self）的一种表达。在荣格学派的**分析**（analysis）中，曼荼罗可出现于梦中或绘画中。尽管曼荼罗可以表达一种**整体性**（wholeness）的潜力或代表宇宙的整体性（一如宗教传统中的大曼荼罗那样），但它们也能为分裂不全者起到防御性的作用。

参见 meaning **意义**；religion **宗教**。

marriage   婚姻

通过上下文，通常可以明确荣格指的是一个男人和一个女人之间的长期关系，还是某一个体心灵的男性化和女性化部分内在的婚姻——**精合**（*coniunctio*）或最终达到圣婚（参见 alchemy **炼金术**）。

荣格相信**两极**（opposites）相吸，并认为取其表义的婚姻很可能涉及不同类型的人格。他特别提出了一个模式①，其中假设婚姻中的一方会比另一方有着更复杂的个人心理。婚姻双方的性别并不计算在内。较复杂的人格可以说是会包容较简单的人格，短时间内一切可能都会很好。但心理较复杂的一方会觉得他/她较简单的配偶不足以带来刺激，从而转向别处寻求想象中的满足（参见 projection **投射**）。这使得受包容的、较简单的人格更加依赖这段关系，并可能对此投入一切。荣格观察到，作为包容一方的配偶有被包容的隐秘需求，并且这种需求是通过与其他人的试验来寻索满足的。对这类配偶的补救方法是认清其依赖需求。受包容的一方则必须看清自己不能在配偶身上寻找救星。

---

① *CW* 17，paras. 324 – 345.

这种模式很难评估。就目前可信任的经验证据而言，这个模式表明既不是两极相吸，也不是同类相吸，对婚姻配偶的选择，反而似乎取决于感知到相异与相同之间有一种可掌控的平衡。荣格的包容者-被包容者模式试图描述现在被称为"共谋"（collusion）的情况。将婚姻双方视为有时是在一个共享幻想的支持下经营婚姻也有帮助。双方的背景中可能都含有促进这种共享幻想的元素。荣格没有对婚姻动态进行全面分析，但他对涉及其中的心理因素很感兴趣。

这个包容者-被包容者模式不应独立于**阿尼玛与阿尼姆斯**（anima and animus）的活动来考量。这些原型结构影响关系；因此阿尼玛与阿尼姆斯中决定配偶选择者的特征，在一定程度上可以被认为阿尼玛与阿尼姆斯的投射（参见 archetype **原型**）。由于这些**人格化**（personifications）多少受到童年时与异性父母的关系的影响，婚姻配偶的选择往往反映出子女无意识地与之结合的父母一方的心理状态（参见 incest **乱伦**）。

内在婚姻的主张建立在荣格对任何人都可获取整个范围的心理可能性的信念之上（参见 gender **性别**；sex **性**）。由此所得的结论是，人格可以被描述为男性化和女性化因素之间的平衡。当"男性化"和"女性化"用于指内在倾向时，外部的性别角色并不直接参与。然而荣格往往忽略了这一点，有时则更显然是混淆了性与性别。

最近人们开始重视婚姻关系中的**自性化**（individuation）问题。"自性化婚姻"并不遵循**集体**（collective）的标准，而是通过培养一种两人专有的关联方式，服务于婚姻双方的深切利益。[1]

分析中的"婚姻"参见 analyst and patient **分析师与患者**。

---

[1]　Guggenbühl-Graig, 1977.

masculine　男性化

参见 gender 性别。

meaning　意义

归于某些事物、赋予事物价值的品质。

对于荣格来说，作为一个人、一位医生、一名治疗师所担负的一切，作为一个不断纠结善与恶（evil）、光明与黑暗、生命与死亡的问题的人，作为一名科学家和一个深具宗教气质的人，他的核心问题就是意义。他最终的结论是意义置于心灵（psyche），唯有心灵才能辨识所体验的意义。这突出了反思（reflection）在心理生活中的关键作用，并强调了意识（consciousness）不局限于智力。

意义是荣格的神经症病因（aetiology of neurosis）这一概念之根本，因为对意义的认识似乎有治疗的力量。他写道："神经症必须最终被理解为一个还没有发现其意义的灵魂的苦难。"① 不过，尽管坚定地想要发现意义，荣格仍对生命无意义的可能性保持开放的态度。他将意义视为具有矛盾的本质，并将其构想为一个原型（archetype）（参见 opposites 两极）。

荣格认为对意义之疑问的每一个答案都是一种人为的解释，是一个猜想、坦承或信念；这样的看法也与上述态度一致。他坚持认为，生命的意义这一终极问题的答案无论是什么，都是由人自己的意识所创造

---

① *CW* 11，para. 497.

的；因为人没有能力去揭示绝对的真理，所以这个答案是一个**神话**（myth）。我们没有建立客观意义的工具，而要依靠主观验证作为最终的衡量标准——**分析师与患者**（analyst and patient）在心理治疗上也正是必须依靠这一点。但与此同时，对意义的发现也是一种超自然参与其中的体验，随之会有一种绝妙、神秘、令人畏惧的感觉；这种感觉总是与神圣的体验相联系——无论体验的形式显得怎样低贱、不可接受、晦涩或受鄙视（参见 numinosum **圣秘敬畏**）。

荣格自己有关意义的神话似乎与意识有着千丝万缕的联系。意义是由意识揭示的，因此意识既有精神性的，也有认知的功能（参见 spirit **精神**）。他在 1959 年的一封信中写道："没有了人类意识的反映，世界就是一架毫无意义的巨大机器；因为据我们所知，人类是唯一一种能够发现意义的生物。"荣格集中研究了**共时性**（synchronicity）之后，断定除了因果以外，自然界中还有另一种由事件的安排所显示出的因素；这个因素在我们看来是以意义的形象出现的。但当荣格被问及是谁或是什么创造了意义时，他回答道：创造意义的不是神，而是一个人自己的**神意象**（God-image）（参见 Self **自性**）。

荣格的秘书亚菲集结了一份报告，其中记录了荣格与意义的相遇，以及他从自己的生活与工作中对此所得出的结论。[1] 参见 religion **宗教**。

mental illness　精神疾病

神经症（neurosis）本质上是心因性的。首先使公众意识到这一点的除了荣格，还有让内、福勒尔和弗洛伊德，他们分别在法国、瑞士和

---

[1]　Jaffé, 1971.

奥地利进行了这方面的工作；让内也是荣格的老师。直至第一次世界大战，无论是在医学中还是在精神病学中，都盛行神经症和所有所谓精神疾病都是脑部病症的假设。

自职业生涯伊始，荣格就反对强调对精神疾病的解剖学研究，而把注意力投向**精神病**（psychosis）（以及神经症）的内容。荣格采取的立场肯定了心理成因相对于**精神分裂症**（schizophrenia）的作用。他通过分析妄想及随之而来的幻觉，确立了这些妄想和幻觉都是意义重大的心灵产物的事实（参见 symbol **象征**）。由此，荣格得以更进一步关注疾病的心理基础，并采取心理治疗的方法进行治疗。不过要特别说明的是，这种方法虽然有助于缓解患者的症状，却并不被认为足以作为一种**疗愈**（cure）的方法（参见 psychotherapy **心理治疗**）。荣格终其一生都将重点放在疾病与其心理表现之间的相互作用上。[①]

Mercurius　墨丘利

参见 alchemy **炼金术**；transcendent function **超越性功能**；Trickster **愚者**。

metaphor　隐喻

通过参考一个事物的**意象**（image）对另一个事物进行的定义和探

---

① 参见 *CW* 3，paras. 553 - 584。

索。作为一种有意识使用的修辞手段，隐喻一直被叙事者和作家用来暗示秘密的微妙之处，或在他们尝试"表达难以表达的事物"时用于辅助。**神话**（myth）、**仪式**（ritual）和**宗教**（religion）都使用隐喻。

荣格确认了**心灵**（psyche）中有一个幽深的意象库藏，并称这些难以表达的意象为**原型**（archetype）；他将**象征**（symbol）定义为一个尚未揭露之事实的最佳表达，坚持认为**解释**（interpretation）应当忠于且尽可能接近梦意象；他把**自性**（Self）的心理功能比作一个**神意象**（God-image），又肯定了不是治疗而是**意义**（meaning）减轻了**神经症**（neurosis）所引起的痛苦——上述一切都是基于一个假设，即心灵以意象来思辨，而最接近意象的理性等同物就是类比或隐喻。因此，他采用的**扩充**（amplification）法不仅为解释提供更完整的参考框架，更有对相关隐喻的搜寻。从这个隐喻出发，理性**自我**（ego）可以弄清一个心灵信息或接近于理解它；而心灵则可以通过一个在**意识**（consciousness）中放大了的意象来重新定位（参见 imago **意像**）。

midlife　中年

参见 stages of life **人生阶段**。

morality　道德

荣格对**伦理**（ethics）和道德方面的贡献是作为一名分析师和精神科医生的如下观点："一个人行动背后的支持者并非公众舆论或道德准

则，而是他仍不自知的人格。"① 换句话说，一个人面对这样一个问题——他可能成为什么，而假如他不经**反思**（reflection）而维持某些态度、做出某些决定、酝酿某些行动，他将会成为什么时，在心理上就产生了道德的难题。荣格表示，道德不是社会的发明，而是生命法则所固有的。人类因觉悟到自身的道德责任而行动，这创造了**文化**（culture），而不是相反。

相较于弗洛伊德的**超我**（super-ego），荣格认为，是一种天生的个体性原则迫使每个人根据自己做出道德判断。这种原则，一方面包含对**自我**（ego）的首要责任，另一方面关系到**自性**（Self）的超上位需求（一个人可以成为什么），能够产生最为武断专制、令人难以忍受的要求。这可能看似对**集体**（collective）的标准影响很小或根本没有影响，但维持着**社会**（society）中的平衡。有意识地决定放弃或拒绝［去**牺牲**（sacrifice）］一个自我位置，结果可能会是带来显然是很少的个人及直接的外在满足，但这在心理上会纠正情况；即以荣格的话来说，这"管用"。这会恢复意识和**无意识**（unconscious）力量之间的平衡。

任何与原型的遭遇都会带来道德问题。当相对于原型所发挥的超自然吸引力，**自我**（ego）显得虚弱、犹豫不决时，问题就变得更困难了。自性的原型传达了一种极具权威的强大召唤。荣格所表达的意思似乎是我们可以有意识地对自性的权威说"不"；同样，也可以与自性相配合进行工作。但要尝试去忽略或否定自性是不道德的，因为这就否认了一个人所存在的独特潜力。这些想法与荣格关于**两极**（opposites）的基本理论一致；从根本上来说，正是两极的冲突对人格提出了道德问题（参见 ego-Self axis **自我-自性轴**）。

---

① *CW* 11，para. 390.

mother 母亲

参见 archetype 原型；Great Mother 大母神；imago 意像；infancy and childhood 婴儿期与童年；marriage 婚姻。

mundus imaginalis 想象世界

想象的世界。由科尔宾①提出，由希尔曼②和塞缪尔斯③采用于分析心理学的术语。术语选用"想象的"而非"假想的"，来表示一种感知或存在的模式，并不进行评价。指的是一个清晰的现实层面或规则，位于身体的官能印象和已开发的认知（或精神性）中间。可以被视为原型意象的所在（希尔曼），或是一个可促进两人——如**分析师与患者**（an-alyst and patient）——之间关系、具有互动性及主体间性的意象领域（塞缪尔斯）。

参见 archetype 原型；image 意象。

myth 神话

荣格对**梦**（dreams）的内容及其精神病患者幻觉的研究，使他得出

---

① Corbin，1972.
② Hillman，1980.
③ Samuels，1985b.

这样一个结论：心灵有无数只在神话中才能找到相似之处的互联。排除他的患者曾有过的**联想**（association），或以任何形式从此类联结而来的"被遗忘的知识"，荣格认为在他面前出现的是独立于任何意识影响的元素。因此他得出结论，神话形成的先决条件必是存在于**心灵**（psyche）本身的结构内。他假设有一个集体无意识（unconscious）——或说是一个原型结构、体验及主体的库藏——的存在。

神话是原型相遇的故事。正如童话可类比于个人**情结**（complex）的运作，神话即**原型**（archetype）本身运作的**隐喻**（metaphor）。荣格推断，现代人与其先祖一样是神话制造者；现代人会重现基于原型主题的古老戏剧，且可以通过其容纳**意识**（consciousness）的能力，从这些古老戏剧的强迫性控制中释放自己。

在一系列神话中，最早的神和女神代表一个基本构思，在其后裔的故事中得到展开或区分。神话故事描述了当一个原型得以自由发挥而没有人的意识干预时会发生什么。相比之下，个体性包括与此类决定性力量的对抗及对话，承认其原始力量，但并不屈从于它。

荣格得出结论，现代心理学必须将无意识幻想的产物（包括神话的母题）作为心灵关于其自身的陈述来对待。我们并不创造神话，我们只是体验神话。"神话是前意识心灵的原初之启示，是对心灵所发生之事不由自主的陈述。"① 例如荣格就曾写道，神话并不代表而正是**原始人**（primitives）的心灵生活。当这样的母题突然出现在**分析**（analysis）中时，它们传达着一种重要的意义。分析师不应当假定它们只是简单对应于某些**集体**（collective）元素；而是应该要察觉，无论是好是坏，这些元素都在一个当代人的**灵魂**（soul）中重新被激活了。

---

① *CW* 9i，para. 261.

　　不仅无意识的行为相似于神话的运作，我们自己也参与了"活着的与活过的神话"。当意识有机会扩展或增强神话主题时，**病理学**（pathology）也反映在神话中。因此荣格关于神话的观点与弗洛伊德的截然相反，且认为神话对**退行**（regression）有影响。退行总是涉及原型行为。我们不仅可以把退行看成试图回避现实，也可以视其为搜寻新的基本神话主题用以重建现实。同样，荣格认为，分析师仅将神话的母题作为心灵行为的某些模式的标签，而非将这些母题视为动态地激活，并使我们能够发现全新可能性的象征，这样的用法是错误的（参见 incest **乱伦**；symbol **象征**）。

　　字面地理解神话也有其危险。神话类似于个人体验的某些方面，但它不能被看作替代物而没有随之而来的**膨胀**（inflation）。神话提供了一个隐喻的视角，但并非一个解说或要满足的预兆。神话是为个体表达提供心灵空间，而非个人的意象。参见 reductive and synthetic methods **还原与合成方法**。

narcissism　自恋

　　荣格对自恋很少明确表态，一般只是关注展示这一心理病理学术语如何被不正确地应用到健康的心理活动上。例如，冥想和沉思就绝不是病理意义上的自恋①；而至于对艺术家都很自恋的指控，这么说吧，"每个追求自己目标的人都是一个自恋者"②。简而言之，荣格同意自恋确实有病理方面的用法（他对此也很熟悉），但试图将这种用法限制在被他描述为"自渎式的自爱"的范围内。③

　　自 1970 年代以来，精神分析对自恋的态度有了巨大的变化，使许多作者对此课题都产生了兴趣。精神分析中的这些变化也促成了分析心理学家审视他们自己的观念；而当他们这样做时，就发现荣格的许多想法不仅类似于精神分析的进化（尽管前者进行得更早），并且还有一份"荣格式"的特殊贡献可供思考（参见下文）。

　　在弗洛伊德看来，初级自恋是对自己的爱，或说是一种力比多对自己身体的投注，先于与他人发生联系以及对他人之爱的能力。次级自恋是将整个客观世界聚集于自身，或是未能认识自己与客体的分离状态。这合理地解释了对自恋者的通俗看法——与他人隔绝、自行其是、虚荣

① *CW* 14，para. 709.
② *CW* 15，para. 102.
③ *CW* 10，para. 204.

且多少表现得高高在上，也解释了这种情况的命名为何来自以为自己的倒影是另一个人而堕入爱河的希腊美少年。当然，在临床应用上，次级自恋的状况（或自恋型人格障碍）不但指观察到的行为，也指幻想生活。许多自恋型患者一开始似乎在社会层面是功能良好的。

许多精神分析学家现在把自恋视为持续一生的状态，视情况而定可能带上健康或不健康的色彩。这与将初级自恋区分为对健康的限制、将持续存在的次级自恋批判为病态的做法大有区别。自恋型障碍被视为源自父母教养时缺乏共情心，导致未能由对他人的爱发展起真正的自爱，并架设起一个人格结构，其中表面的精心装扮掩饰了空虚感以及自尊的缺乏。①

根据科胡特的描述，自恋发展沿着其单独的道路前进，就像我们设想客体关系自有一条不同的发展路径一样。必须注意的是，自恋的发展和客体关系并无根本原因要互相对立；恰恰相反，这两者相辅相成。然而，科胡特关于自恋的想法将他引向自体心理学，这与客体关系的视角大有差异。自体心理学可以说是采用共情（科胡特称为"替代性自省"）在一个人内心搜寻作为那个人是什么样的。客体关系则更为超脱，以科胡特的话来说即是"遥距体验"（experience-distant）。最主要的问题似乎是在于冲突。超脱的观察者可以看到各种内心冲突，但尽管如此，参与者却能够感觉自身是全然一体的（一个自体）。如今，在精神分析领域对此有激烈的争论。② 我们接下来会讨论**分析心理学**（analytical psychology）在此可能做出的贡献。

自恋发展意味着积极参与投入自身、发展维护自尊，以及建立并实现抱负和目标。此外，还有价值观和理念的演变的问题。这时自恋的发

---

① 参照 Kohut，1971，1977。
② 参照 Tolpin，1980。

展就成为一个终身的任务。

　　与**自性**（Self）的关系问题让一些分析心理学家充满活力。这层关系由原型建构，因此浸润着一种不可抗拒的迷人品质、一种特别的超自然性（参见 numinosum **圣秘敬畏**）。从某种意义上说，与自性的关系就是自性本身，这是在自恋和**自性化**（individuation）之间建立的联结。①因为需要有一个构想来协助探索情感而非现象，科胡特提出了自体的概念。不过，他的研究中吸引分析心理学家的方面并非仅限于此。科胡特并不同意弗洛伊德的心理生理学看法，认为那太机械化，且过度集中于快乐原则的改良。科胡特认为，弗洛伊德是受一种"成熟道德"的掌控，不惜以我们的人性为代价也要要求我们长大。科胡特的看法也反映出，他感觉到自我心理学作为探索整体人格方式的局限性。

　　由于分析心理学与精神分析经历了不同的历史演变，自体心理学的存在与客体关系所造成的双重视角问题就要小得多。其主要原因是原型理论允许自体是给定的，以及从出生时起（或之前）自体就已存在并运行。在精神分析中，自体更多地被视为某种后天达到或实现的状态，关注点则放在叙述这一过程究竟是如何发生的——因此引起了争执。另外，一些评论者认为，"科胡特的自体"似乎拥有一个不可知的、宇宙的层面，因而类似于荣格的想法。②

　　人们似乎普遍认为，对于自恋型障碍患者，需要谨慎地应用改良的技术。患者整合客观世界的倾向干扰了他象征化的能力。此外，可能只有在建立了长期的共情关系、自恋型障碍患者的自感全能和夸张自负有时间及空间被逐渐侵蚀之后，移情的解释方能发生效用。③重点是，患

① 参照 Gordon，1978；Schwartz-Salant，1982。
② Jacoby，1981.
③ 参照 Ledermann，1979。

者本可以在与父母的关系中获得自己的个性，但没有得到；而他的自感全能和夸张自负正是其个性的扭曲版本。

当我们回想起自恋型人格障碍据说是源自糟糕的父母教养时，分析心理学领域对其兴致高涨的原因就变得更加清楚了。我们可以看到，自体、人格的整体、上位的人格、**神意象**（God-image），都以原型为核心，并依靠婴儿期的感觉体验来呈现个体的化身。通过移情进行的早期体验的分析，可以触摸到自体的深度和雄伟，并能够实际上释放自体。

参见 analyst and patient **分析师与患者**。

neurosis   神经症

在荣格所处的时代，精神病学在对精神疾病进行正确分类一事上投入了巨大的努力（参见 mental illness **精神疾病**；pathology **病理学**）；不过，荣格很抗拒这种趋势。因此，除开对神经症和**精神病**（psychosis）之间的广义区分［具体来说分别是**自我**（ego）在**癔病**（hysteria）和**精神分裂症**（schizophrenia）中的位置和强度］，荣格的著作中并无一个发展完好的分类。① 例如，弗洛伊德对由性欲本身衍生的实际神经症与由无法控制的心灵冲突衍生的精神性神经症（如癔病）之间的区分，在荣格著作中就没有可类比者。然而，如拉普朗虚和彭塔力斯所言："要说目前在神经症、精神病及性欲倒错的结构之间尚未有明确的区分，也是不大可能的。因此，我们对神经症的定义总要不可避免地被批评为过于宽泛。"②

---

① *CW* 2，para. 1070.

② Laplanche and Pontalis，1980.

　　荣格的总体态度是，神经症患者比起神经症本身是更适合关注的主题。神经症不应孤立于人格的其他部分，而应当从受精神病态所扰乱的**心灵**（psyche）整体来看待。因此在**分析**（analysis）中，至关重要的是情结的内容，而非一个完善的临床评估（参见 complex **情结**）。

　　尽管荣格定义了神经症，他仍是参照了片面或不平衡的发展。有时这种不平衡存在于自我和一个或多个情结之间。有时荣格使用他对心灵的概括来指向自我相对于其他精神媒介——如阿尼玛或阿尼姆斯以及**阴影**（shadow）等的困难（参见 anima and animus **阿尼玛与阿尼姆斯**）。因此，神经症是**心灵的自我调节功能**（self-regulatory function of the psyche）这一天然能力的（暂时）故障（参见 compensation **补偿**）。

　　同时，神经质的症状可被视为不只是潜在的干扰或不平衡的发散物。这些症状也可以被看作自我治愈的尝试（参见 healing **治愈**），因为它们使人注意到自己失去平衡、正受疾病所苦的事实（参见 teleological point of view **目的论观点**）。

　　对神经症的临床描述经常但并不总是包含无意义的感觉。这使荣格将典型的神经症比喻为一个宗教问题。[①] 参见 meaning **意义**；religion **宗教**。

　　荣格不愿使用还原至婴儿期的因素作为解释，这意味着他对于**（神经症的）病因** [aetiology (of neurosis)] 没有留下一套全面的理论。不过，情结的观念可以被描述性地用来明确神经症的组成。但有时荣格又似乎暗示神经症是与生俱来的固有问题（参见 archetype **原型**；psychic reality **心灵现实**；reductive and synthetic methods **还原与合成方法**）。

----

① *CW* 11，paras. 500 – 515.

numinosum 圣秘敬畏

荣格在 1937 年将圣秘敬畏描述为

一股充满活力的力量或影响，并非意志主宰的行为造成。相反，它会攫住并控制人类从属者——人类永远是其牺牲者而非其创造者。圣秘敬畏——无论其原因为何——是一种独立于从属者意志的体验……圣秘敬畏是一种属于一个可见对象的品质，或是能引起**意识**（consciousness）发生奇特改变的一个无形存在之影响。[①]

这种力量或影响无法解释，但似乎传递了一种独特的信息；这种信息虽然神秘莫测、难以理解，但令人印象极其深刻。

荣格认为，无论是有意识还是无意识的信念——事先就准备好信任一种超然的力量——都是体验圣秘敬畏的一个先决条件。超自然不能被征服，一个人只能接受它。但圣秘敬畏不仅是对一种巨大而不可抗拒之力的体验；它是对一种力量的对抗，这种力量暗示着一种尚未揭露、具有吸引力和决定性的**意义**（meaning）。

这与奥托在《神圣者的观念》[②]一书中给出的定义一致，荣格将遭遇圣秘敬畏视为所有宗教体验的属性之一。对于一个无论是个人还是**集体**（collective）的超上位**神意象**（God-image），超自然性是其中一面。对宗教体验的探索使他相信，原本**无意识**（unconscious）的内容会在此时以与无意识在病态情况中入侵同样的方式突破**自我**（ego）的约束，并压倒意识人格。但对圣秘敬畏的体验通常并不具有精神病态性质。面对个体与"如神般者"之遭遇的报告，荣格坚持认为自己未必找到了神的存

---

① *CW* 11，para. 6.
② Otto，1917.

在的证据；然而，这种体验在所有的情况中都是如此深刻，以至于单纯的语言描述无法传达其影响。

当代人本主义心理学称这种令人印象深刻的事件为"高峰体验"。

参见 religion **宗教**；spirit **精神**；vision **幻景**。

O

objective psyche　客观心灵

荣格使用这一术语的方式有以下两种：第一，用以表示**心灵**（psy-che）是客观存在的知识、洞察力、想象力的一个来源。[1] 参见**心灵现实**（psychic reality）。第二，用以指出心灵的某些内容并非个人或主观的，而是具有客观性质。在这方面，他将客观心灵等同于他所称的"集体无意识"[2]。

参见 archetype **原型**；image **意象**；unconscious **无意识**。

object relations　客体关系

由精神分析发展的理论，从人类相关于"客体"（即一个吸引注意力和/或满足需要的实体，而非一个"物件"）的基础上来理解心理活动。可与基于本能驱力的理解相对比；对于客体关系理论者来说，本能驱力理论是机械的。

虽然没有使用这个术语，但荣格的方法中无疑是运用了客体关系

---

[1]　Jung，1963.

[2]　*CW* 7，para. 103n.

的。荣格对**心灵**（psyche）的观点的特性为：重视心灵各个组成部分之间的关系及这些组成部分与外在世界的关系，找出心灵破碎、分裂、解离、人格化等等倾向的影响（参见 dissociation **解离**；personification **拟人化**）；因此与精神分析的部分客体概念有相同之处。部分客体仅被主体作为满足需要的媒介来对待。在荣格关于两极结合的推测中，可找到等同于精神分析中完整客体的概念（参见 *coniunctio* **精合**；opposites **两极**）。荣格对某些心理过程的描述进一步表明了他的观点与客体关系理论者的观点之相似性。例如，荣格就描述婴儿总是基于两个相反的方面来分裂被他称为**大母神**（Great Mother）的客体。参见 archetype **原型**；depressive position **抑郁位态**；identity **同一性**；paranoid-schizoid position **偏执-分裂位态**；*participation mystique* **神秘参与**。

虽然客体关系并非明确地等同于**自性**（Self），但也有学者认为其实含义即是如此，或说自性的概念与客体关系是可以相容并存的。[①] 与此同时，科胡特主张客体关系与自体心理学是不兼容的。[②] 这是因为客体关系仿佛由一个超然的观察者所构建，远离体验。而自体心理学则是接近体验，源自共情，且尊重我们虽可以就内部和外部客体来讨论一个人，但这不是他自身体验方式的事实。**分析心理学**（analytical psychology）中并未出现以上精神分析的争论（参见 narcissism **自恋**；Self **自性**）。

Oedipus complex　恋母情结

参见 incest **乱伦**；psychoanalysis **精神分析**。

---

① Sutherland，1980.
② Tolpin，1980.

opposites　两极

　　荣格在他最后的著作之一中这样写道："两极是所有心灵生活中根深蒂固、不可或缺的前提条件。"[①] 要理解他的观点，必须先熟悉两极对立的原则。这是荣格的科学工作的基础，也是他的许多假设的根源。荣格借用热力学第一定律来表达心灵的活力；这一定律指出，能量要求两种相反的力量。为支持他的论点，荣格曾在不同时期参考过几个哲学来源，但并没有将它们作为论点的主要来源。

　　从他将**无意识**（unconscious）的作用概念化为**意识**（consciousness）的相反面（也因此能够发挥补偿的功能）时起，荣格就已将内在二重性的理念应用于一直在扩大的心灵研究、观察及领悟的领域（参见compensation **补偿**）。他没有讨论或试图证实，而是直接运用这一理论。无论是否觉察，分析心理学家从一开始就在依靠两极对立的理论。

　　应用荣格的理论，一对两极彼此的本质是不可调和的。在自然状态下，它们以未分化的状态共存。一个活着的**身体**（body）中包含的能力与需求，提供了自身防止心灵过度不对称的规则与局限性；"平衡者"的意识与无意识状态是相互和谐的。但一对两极之间达成的任何"妥协"的崩解都会加剧对立的活动，并带来诸如在神经紊乱时可见的心灵失衡。交替，或说一时受一极，一时又受另一极摆布的体验，是意识觉醒的标志。当张力变得无法忍受时，就必须找到解决方案，而减轻张力唯一可行的办法只能是通过在一个更为令人满意的不同层次使两极和解。

　　幸运的是，两种相反力量的碰撞，往往会在无意识的心灵中创造出

---

①　*CW* 14，para. 206.

第三种可能性；其性质是非理性的，对于意识心智来说出乎意料又难以理解。第三种可能性并不表现为是或非的直接答案，因此也就不为对立两方观点中任一方所立刻接受。除了对立以外，意识心智无所领会，主体无所感觉，所以也就无从得知是什么能够统一两者。因此能够吸引注意力以及最终调和两者的，是暧昧而矛盾的**象征**（symbol）。在对立的两者产生了非理性的"第三方"，即非理性象征的冲突情况中，没有为两难局面提供任何理性解决的方法。

移情涉及**分析师与患者**（analyst and patient）双方对两者关系似乎不可调和的要求。荣格是这样描述此类本身具有问题的解决方案的："科学似乎停在逻辑的前沿，但是……［自然］并不止步于两极；自然运用两极从对立中创造新生。"① 此类两极冲突的解决，其象征可能首先是**精合**（*coniunctio*），然后是和解之母题（如孤儿或弃儿）的出现。此时出现的不是对立，而是一个新生的构造，象征着一个初生的整体，一个拥有超出意识心智所能之设想的潜能的形象。

这个母题，与其他所有统一的象征一样，都有着救赎的重要性；即它能够将主体从冲突的分裂中救赎回来。同样，由于所有的象征都超越了对分裂对立的盲从，它们也都可说具有救赎的潜力（参见 transcendent function **超越性功能**）。不过，以统一精神与物质的两极来超越人性制约的象征，也可以说是**神意象**（God-image）或**自性**（Self）的一部分。

从逻辑上讲，两极总是分裂且永远互相冲突的［即善恶（evil）对抗］；但它们又不按逻辑地聚合在无意识的**心灵**（psyche）中。**原型**（archetype）被认为包含可以通过一个尺度来表达、固有而相对的二元性［例如，就**大母神**（Great Mother）的原型而言，尺度的一端是好母

---

① *CW* 16，para. 534.

亲或滋养的母亲，另一端则是坏母亲或吞噬的母亲］。从分析上来说，一个原型的内容可说是只有在其整个尺度全部被意识到之后，才能被认为已经整合。

假如任其自然，无意识两极的同时存在会两相抵消并导致停滞。然而，两极并存的原则又反过来受绝对对立或说**物极必反**（enantiodromia）的原则所平衡。矛盾的是，位于尺度一端者至其最大最满处会变为其反面，因而释放出新合成的可能性。然后心灵**能量**（energy）就将集中于解决冲突，并尝试和解。因此，我们必须认为所有的心灵结合或合成都是临时的；持久的统一是不可能的。荣格相信，只是因为在人类存在中发现了**意义**（meaning），我们才能够承受变化不休的两极的需求（参见 individuation **自性化**；transformation **转化**；wholeness **整体性**）。

因为他采取的态度之意味，荣格也遭受到许多批评。批评者中不仅有科学界的同行，也有认为基督教的上帝意象既有黑暗面也有光明面的概念不可接受的神职人员。在分析心理学家当中，这一理论基础本身就引发了范围极广的各种看法、异议和改动。

P

painting　绘画

在分析或自我分析中，将内在意象以视觉形式描绘出来。意象可能衍生自**梦**（dreams）、**积极想象**（active imagination）、**幻景**（visions）或**幻想**（fantasy）的别种形式。

疯病患者的绘画在 19 世纪末的中欧引起了公众的兴趣；毋庸置疑，荣格是知道这一情况的。他从职业生涯早期就开始绘画和雕刻，并且持续终生。他还在一些文章中鼓励患者绘画并加以解释。[①] 苏黎世荣格学院设有收录接受分析者绘画的档案室。

关于此类绘画的心理价值，荣格的评论既重过程又重产物。画在患者及其问题之间斡旋调解。随着一个人画出一幅画，他也就能与自己的精神状态拉开距离。对于无论是神经症还是精神病的失常患者，难以理解和无法控制的混乱都能通过绘画得以具体化。

一个人与其绘画之间的分化常可被视为心理独立的开端。在描绘幻想的同时，人们也继续更详细、更完整地想象它。在这种情况下，一个人描绘的并不是幻景或梦本身，而是源自那个幻景或梦的图像；因此意识**心灵**（psyche）就有机会与无意识所喷发出来的东西互动（参见

---

① 尤其可参见 *CW* 9i，"A Study in the Process of Individuation"；*CW* 13，"The Philosophical Tree"。

transcendent function 超越性功能；unconscious 无意识）。

绘画的方法最初与积极想象恰恰相反。我们并非力求揭露或释放无意识的内容，而是帮助这些内容全面且有意识地表达出来。荣格警告，初始材料受到的塑造越少越安全；相反，越早固定，或是依照道德、理性或诊断标准形成评判，则危险会越大。

无论是作画者还是分析师，都必须极其谨慎地处理绘画与对其的**解释**（interpretation）。荣格的工作一贯采取的观点是画即患者自身（正如梦一样），而主要需要培育的则是作画者与其自己对所绘形象的想象性解释之间的关系。

荣格的追随者用绘画作为促进释放受抑制**情感**（affect）的方式，或/以及用于诊断的目的。系列画作经常可以被观察到有表现心理状态改变的顺序或叙事发展。

参见 mandala **曼荼罗**。

paranoid-schizoid position　偏执-分裂位态

由梅兰妮·克莱因所引入的术语，指在婴儿认识到自己一直与之发生联系的好母亲与坏母亲的意象指的是同一个人之前，**客体关系**（object relations）发展中的某一时点（参见 depressive position **抑郁位态**；Great Mother **大母神**；image **意象**）。虽然偏执-分裂位态与抑郁位态相对（在抑郁位态中人格与客体的分裂得到治愈），但也有双向的运动，并且在成年生活中通常能发现两者并存的证据。

在发展图式中，偏执-分裂位态遵循最初身份可能被认为存在的任何状态（参见 identity 同一性）。偏执-分裂位态的特点与初始自性的"消解"，拆分开来看又不一样（参见 Self 自性）。后者的各项分解体中包含整体性的暗示，且往往向着改善人格的方向努力。

此时焦虑的性质是偏执（即婴儿的恐惧可能是受迫害及攻击）。他的防御方式是拆分客体（即分裂的策略）。婴儿会拆分母亲的意象，以便拥有好母亲的一面并控制坏母亲的一面。因为显然是不可调和的爱与恨的情感存在，造成了婴儿强烈的焦虑，他自身的内部也会分裂。有人提出，承受这种分裂的能力是以后任何**两极**（opposites）能够合成的一个先决条件。但正如荣格所强调的，首先必须加以区分，也就是分裂。

偏执-分裂位态反映了一种被荣格称为"英雄式"的意识风格，带有这种意识风格的婴儿倾向于以过度确定及目标导向的方式行动。

参见 hero **英雄**；*puer aeternus* **永恒少年**。

participation mystique　神秘参与

借用自人类学家列维-布吕尔的术语。他以此来指与客体（意为"物件"）关系的一种形式，这种关系中的主体不能将自己与客体分辨开来。这基于一个可能在**文化**（culture）中普遍存在的概念，即一个人/部落与上述的东西——例如一个崇拜对象或一件圣器——早已是相连的。当人进入神秘参与的状态，这种联结就活过来了。

荣格自 1912 年起用这一术语指人之间的关系，其中主体或主体的一部分取得了对他人的影响，反之亦然。以更现代的精神分析语言来说，荣格描述的是**投射性认同**（projective identification）；在投射性认同中，人格的一部分被投射到客体中，然后将客体等如投射内容一般去体验。

神秘参与或投射性认同为早期防御，也可见于成人**病理学**（pathology）。它们让主体能够根据内在世界观去控制或"渲染"外在的客体。原型遗产通过这种方式发挥对外在世界的影响力，使我们能够谈论主观的体验或主观的环境。在日常情况下，神秘参与可能提供条件让两个人可以预见对方的需求，接上对方的话头，互相倚靠对方来成就自己。（参见 archetype **原型**；identity **同一性**；object relations **客体关系**；paranoid-schizoid position **偏执-分裂位态**；psychic reality **心灵现实**。）

part object   部分客体

参见 object relations **客体关系**。

pathology   病理学

病理学的定义是以了解疾病原因并运用这些知识治疗患者为目标，对疾病进行的研究。虽然荣格终其一生都关注着病理学，但在开始作为一名年轻的精神科医生和精神分析师的数年后，他已不那么注重对所谓的病理状态的定义，也不再依赖排除了他自己的实证观察及结论的医学模式。荣格认为**心理治疗**（psychotherapy）是医学的分支；但在他看来，病理学的医学取向和心理治疗取向有着明显的差异。正是因为**分析**

（analysis）的技术能够打开人心中紧锁的门，从而揭示潜在的疾病，荣格才如此坚持分析师与医生的合作（参见 psychosis **精神病**）。

在 1945 年瑞士医学科学院理事会的讲座上，荣格提醒医生同行们注意医生与心理治疗师对待病理学的方式上的差异。医生治疗病理，而心理治疗师则必须时刻牢记受病痛所苦的心灵涵盖一个人的全部。因此，尽管诊断对于医疗从业者来说至关重要，但对于心理治疗师却可能价值相对较小。同样，单就精神性神经症而言，要编写一份完整的病史也几乎是不可能的；这是因为病况的影响因素对于患者起初是无意识的，而治疗师往往也无从得知。最后，心理治疗并不针对症状，而是必须从心理上下手；亦即对失常根源所在的心灵意象有所知觉。当这些意象不能为个人及**社会**（society）所接受时，就可能将自己掩饰为疾病而出现（参见 hysteria **癔病**；mental illness **精神疾病**；narcissism **自恋**；neurosis **神经症**；schizophrenia **精神分裂症**）。

patient　患者

参见 analyst and patient **分析师与患者**。

persona　人格面具

这个术语来自意为古典时代演员所戴面具的拉丁词语。因此，人格面具指一个人为面对世界而使用的面具或面貌。人格面具可以指性别认同、发展阶段（如青春期）、社会地位、工作或职业。人的一生中会使用许多人格面具，有时可能同时组合使用数个。

荣格的人格面具概念是一个**原型**（archetype）的概念，意味着人格面具具有一种必然性和普遍性。在任何社会里，促进关系与交流的方式是必需的；参与其中的个体的人格面具部分地执行了这一功能。不同的文化对人格面具会有不同的标准，且因为基底的原型模式易受无穷变化的影响，标准也会随着时间改变及进化（参见 culture **文化**；image **意象**）。人格面具有时也被称为"社会原型"，包含所有为适于生活在社群中所做的妥协。

因此，我们也并不认为人格面具的本质就是病态或虚假的。如果一个人过于密切地认同其人格面具，那么确实有**病理学**（pathology）风险。这意味着对社会角色（律师、分析师、劳动者）或性别角色（母亲）以外的许多事物都缺乏认识，也没有考虑到人的成熟（例如对长大成人明显未能适应）。对人格面具的认同导致某种形式的心理僵化或脆性；**无意识**（unconscious）往往会突然爆发进入意识，而不是以容易控制的方式慢慢浮现。当**自我**（ego）认同人格面具时，就只能定向朝往外部；因为对内部的活动盲目，也就无法对内做出回应。由此可见，一个人是有可能意识不到自己的人格面具的。

上述最后一段评论指出了荣格在**心灵**（psyche）结构中对人格面具的定位：自我与外在世界之间的调解者［一如**阿尼玛与阿尼姆斯**（anima and animus）在自我与内在世界之间进行的调解］。因此我们可以把人格面具与阿尼玛/阿尼姆斯想作**两极**（opposites）。人格面具关注意识和**集体**（collective）的适应，而阿尼玛/阿尼姆斯则关注私人、内在以及个体的适应。

personal unconscious　个人无意识

参见 shadow **阴影**；unconscious **无意识**。

personification　拟人化

一种基本的心理活动，自发且不由自主地将一个人所体验的一切赋予人性，即成为一个心灵之"人"。我们会在**梦**（dreams）、**幻想**（fantasy）和**投射**（projection）中见到我们的拟人化。

荣格对拟人化的初次引用给我们提供了一个例子。这个例子来自他对一位患者的幻想的解释："M 小姐拟人化成为阿兹特克人的精神性太过崇高，以至于她无法在凡人男子中找到情人。"[①] 据荣格所说，强度或质量足以作为一个整体自人格分离的心灵内容，只有在其客体化或拟人化的时候才能被感知到（参见 apperception **统觉**；archetype **原型**；complex **情结**）。因而，拟人化让我们得以将心灵功能视为一系列自主的系统。拟人化消减了分离部分威胁性的力量，使其能够被解释（参见 possession **占据**；psychosis **精神病**）。

作为一种自然的心灵过程，拟人化起初是由深度心理学家在诸如**解离**（dissociation）、幻觉或分裂为多重人格等病理状态下观察到的。后来，荣格将它与**原始人**（primitives）的心理相联系，并将其比作无意识**认同**（identification）或是无意识内容在能够被整合进入**意识**（con-

---

① *CW* 5，para. 273.

sciousness）之前对客体的**投射**（projection）。弗洛伊德将概念转译成拟人化的意象，即审查者、超我、多相变态儿童等。不过正如荣格在其对医生/哲学家帕拉塞尔苏斯的研究以及对炼金术士佐西默斯的**幻景**（visions）的阐述中指出的那样，在医生或科学家当中，弗洛伊德亦并非这一方面的首创者（参见 alchemy **炼金术**）。荣格本人则对自己实证观察所得的概念进行拟人化［**阴影**（shadow）、**自性**（Self）、**大母神**（Great Mother）、**智慧老人/老妪**（wise old man/woman）、**阿尼玛与阿尼姆斯**（anima and animus）］："无意识自发地拟人化这一事实……正是我在我的术语中接收这些拟人化并为之命名的原因。"①

实际上他提及的正是幻想的意象。荣格的激进构想是，心理行为是通过拟人化意象之间模式改变的方式来运作的（参见 image **意象**；imago **意像**）。去个性化也可说是**灵魂丧失**（loss of soul）。无法进行拟人化的患者往往只会将一切都个人化。**分析**（analysis）可以被看作对患者与其拟人化的关系的一种探索。拟人化的能力由于构成了所有心灵生活的基础，也就从根本上为我们提供了**宗教**（religion）与**神话**（myth）的意象。

在荣格的追随者中，希尔曼对拟人化作为一个自然而必要的心理过程进行了最为细致深入的论述。② 他指出：（a）拟人化保护心灵不受任何一种单一力量支配。（b）通过建立一个这样的视角，让人可以承认这些形象属于自己，同时又认识到这些形象不受自己的身份和控制影响，拟人化提供了一种有用的治疗工具。（c）正如荣格所指出的那样，通过拟人化，这些形象取得了客观性，不但与无意识区分开来，彼此之间也有了区别。也就是说，它们不再互相聚合或彼此黏附。（d）拟人化促进了心灵组成部分之间的关系。（e）拟人化比之概念化的优势在于，相对

---

① *CW* 9i，para. 51.

② Hillman，1975.

于理性的唯名论，拟人化能引起活生生的回应。

pleroma　佩雷若玛

荣格使用的一个诺斯底主义术语，用以指明一个超越时空类别界限、所有两极之间的张力都不存在或被消解了的"地方"（参见 opposites **两极**）。与**整体性**（wholeness）或**自性化**（individuation）的区别在于，佩雷若玛是一个给定的事实而非成就。存在其中的"合一"状态也与将先前迥异的人格元素聚集联合而成的整体性不同。尽管如此，整体性的状态以及某些特定的神秘状态，也可以被理解为对佩雷若玛的统觉。

佩雷若玛相当于物理学家玻姆称为"隐序"或"卷序"的现实，存在于我们通常所认知的现实之中、背后或底下。[1]

参见 opposites **两极**；psychoid unconscious **类心灵无意识**；synchronicity **共时性**；*unus mundus* **一元宇宙**；uroboros **衔尾蛇**。

polytheism　多神论

对多个而非单一神的信仰或崇拜。多神论虽然常被用作一神论的反义，但神学家普遍认为，从其先决条件为某种无论是混乱还是其他的超

---

[1]　Bohm，1980.

上位原则这一意义上来说，多神论也是一神论的表达方式之一。

荣格在历史背景下运用这个词，即多神论的混乱先于基督教的秩序。但从心理上看，多次被特别提及、拥有从前被赋予的神或守护灵地位的原型，其多重性也可以被看作是"多神论的"，虽然这将使其与超上位"一神论"的**自性**（Self）处于持续紧张的状态。

随着分析心理学的概念延伸至原型心理学，对这方面的考虑已变得意义重大。[①] 此处的重点是"灵魂的内在多样性"，以及如希尔曼所述，对"一种能够平等分化的神学幻想"的要求。

possession   占据

在一般语言的用法里，"占据"意为"拥有"，并有保留、占领和控制之含义。在心理学术语中，"占据"指一个**情结**（complex）或其他原型内容对**自我**（ego）人格的拥有、接管或占领（参见 archetype **原型**）。因为奴役与占据同义，遭受政变的主体即是自我。由于神经症或精神病症状的强度及顽难，一个人的选择被剥夺，且无力处置自身**意志**（will）。**意识**（consciousness）被加以抑制，其效果与侵入的自主心灵内容以及急性的单方面结果之强度成正比（参见 compensation **补偿**；neurosis **神经症**）。这不仅危及意识自由，也危害心理平衡。为了支持进行占据的心灵媒介，例如说无论是母亲情结还是对**人格面具**（persona）或**阿尼玛/阿尼姆斯**（anima/animus）原则的**认同**（identification），个体的目标都会遭到篡改。

———————————

① Hillman，1983.

弗洛伊德去世时，荣格在瑞士巴塞尔的一份报刊上发表了一篇文章①，其中简要解释了**分析心理学**（analytical psychology）的发展，并从历史角度将其与沙可关于"癔病症状是某些念头占据了患者'大脑'的后果"的发现联系起来。根据荣格的记述，布洛伊尔由此证实了弗洛伊德所提出的一个观点，即"一旦我们以心理公式取代祭司幻想中的'恶魔'，就会与中世纪（关于占据的）观点不谋而合"。荣格发现，为了疗愈患者而搜寻占据的因果因素，可与中世纪对一劳永逸地驱除**恶**（evil）灵的尝试类比［参见 aetiology（of neurosis）**（神经症的）病因**；hysteria **癔病**；pathology **病理学**］。

从以上类比出发，荣格进一步地描述了自己的工作。在弗洛伊德认识到现代的神经症与中世纪的占据具有类似特征后，弗洛伊德式的释梦试图探究这种占据的根本原因。不过据荣格所说，这是为了推翻占领者或抑制媒介而对被占据的心灵所运用的一种方法。他认为这样的方法值得赞扬，但有局限性。荣格记载，在一次与弗洛伊德的重要谈话中，他曾问过是否可能有人无法发现遭受神经症占据之苦对个体的暗示以及其最终的**意义**（meaning）。这就是荣格的**目的论观点**（teleological point of view）之精粹所在。

power　权力

对于荣格早期的心理构想，我们必须将它们作为他对**心理治疗**（psychotherapy）领域的同行先驱与亲密同事们所引导理论的关联与反应来看待；这些构想也代表荣格本身富有创造性的洞察力。与荣格进行

---

① *CW* 15.

交流的同行中，最重要的两位即是阿尔弗雷德·阿德勒与弗洛伊德。阿德勒的研究是明确地基于权力意志作为人类行为的激励原则；而荣格也一度断然宣称他认为阿德勒和弗洛伊德两者的研究都是基于一个前提，即人是靠必要成功或出人头地的意志来积极进取、坚持自己主张的。他最终反对这种看法，认为这是局限的、过度"男性化"且不完整的。他深信人的**心灵**（psyche）中除了其他的原型意象，还存在着一个**神意象**（God-image），并为实现圆满的冲动——或说是"趋向**整体性**（wholeness）的本能"分配了一个优先位置。荣格回应阿德勒所用的语言展现了荣格自身的宗教倾向。他表示，阿德勒对人以权力意志为动力的坚持即是接受了人的"道德劣势"。①

荣格并不否认权力意志［即让所有其他影响因素都服从于**自我**（ego）的渴望］是一种**本能**（instinct），也并未视其为纯粹负面的。权力意志是**文化**（culture）发展中一个强大的决定性因素。同样，如果没有权力意志，人就不会有动力去建立一个足够强大的自我，使其能够承受外部生活本身的变迁，尤其是去面对自身人格中的**自性**（Self）。

从概念上讲，荣格认为权力等同于**灵魂**（soul）、**精神**（spirit）、守护灵、敬神、健康、实力、**玛那**（mana）、生育力、**魔法**（magic）、威望、医药、影响等等观念——是心灵**能量**（energy）的一种形式。他称原型为"自主的权力中心"。他不仅在**原型**（archetype）中看出了重现相似神话观念的准备，也看出了其中存储的权力，即"决定性的能量"。

荣格将权力**情结**（complex）定义为以取得个人权力为目标的所有能量、努力及念头之总和。当权力情结支配人格时，无论是源自其他人和外部条件，还是由自身的冲动、思想和情感产生的所有其他的影响因素，都服从于自我。不过，一个人也可以拥有权力，而不受权力驱使或

---

① *CW*16，para. 234.

沦为情结的牺牲品。加强运用权力的意识能力正是心理治疗的目标之一。①

primal scene　原初场景

参见 infancy and childhood 婴儿期与童年；marriage 婚姻。

primary and secondary process　初级和次级过程

参见 directed and fantasy thinking 定向和幻想思维。

primitives　原始人

荣格写道：

在前往非洲去寻找欧洲势力范围之外的心灵观察点的旅途中，我无意识中想要寻找自己人格中因为身为欧洲人的影响与压力而隐匿不见的那一部分。这部分在无意识中与我自己对立，我也确实试图压制它。与其本质一致，它希望使我无意识（强迫我沉入水里）

---

① *CW* 8，para. 590.

以杀死我；但我的目标是通过领悟使其更为有意识，这样我们就可以找到一个共同的妥协方式。①

他关注这些所谓"原始人"的世界；他在他们当中进行田野研究，着迷于他们的仪式和典礼，观察他们的心理，并且去理解他们的恐惧、类比思维、对待灵魂现象的严肃认真以及对**象征**（symbol）所展现的尊重——这一切都体现了荣格对原始性在现代人心理残留的陈述。但我们必须从不同的视角出发去观察这些元素。第一个视角是从人自身内部出发。如本词条开篇所引用的段落可证，这是由荣格自身的心灵本质所促使进行的一个实验，来自他自己的**无意识**（unconscious）的推动。他并非故意关注于此，正如他也不是有意地去重视他的**绘画**（paintings）和雕塑、积极**幻想**（fantasy）、排列顺序的**梦**（dreams），又或是一号与二号人格之间的对话。恰恰相反，这些都是他内心深处的体验，其动机只能以最为泛泛的用语来解释。他去非洲不是为了去看非洲土著或部落居民，而是要以观察的方式，与他自身内部相对应的那个无拘无束的、来自部落的、有时野蛮的土著人相见。

第二个视角同样来自荣格的主观定位。虽然从未公开表示，但荣格对所谓的原始人的兴趣是他首次尝试在集体**投射**（projection）中寻找对自己心理观察的验证。之后对此更为学术化而复杂的尝试领域则是**炼金术**（alchemy）。他专注于原始人的研究，采取一种时间回溯的推断方式，目标是找到他在对现代人无意识的研究中所观察到现象的**集体**（collective）起源。

第三个视角令荣格与同时期的科学家和医生们在方法论上发生了冲突。在现代科学中，这种研究给予主观性与客观性同样的地位。

---

① Jung, 1963.

第四，这提供了一次与活生生的集体——相对于单个个体——的会面。关于原始人的思维风格，荣格假设他们通过投射来思考是因为他们的心智是集体导向的。

因为荣格的田野研究按照人类学家的标准尚显不足，并且看来过度依赖于几个来源，也因为他的许多研究都以对话方式进行，一些同时期以及后来的社会科学学者并不完全相信荣格的研究。荣格也受到一些认为他利用土著居民、轻视他们价值的人的批判。他并没有故意这样做；若非从意识与政治视角下的定义出发去寻找利用的蛛丝马迹，也不会认为他有此嫌疑。

荣格对"原始人"的定义是基于列维-布吕尔的理论。但尽管依靠列维-布吕尔的理论基础，这也并不是荣格唯一接受的影响。通过阅读、旅行、对话和反思，荣格关于"原始人"的想法渐渐相互等同于一个阈限者的**意象**（image）。这里，我们可以看到他所有自身意象中最完整的写照之一。因此，要完全熟悉或评价荣格无论是临床还是其他的工作，了解他对所谓原始人的研究是不可或缺的。原始人的心理意象与他对个体意识（consciousness）显现的概念化相吻合。

参见 loss of soul **灵魂丧失**；mana personalities **玛那人格**；*participation mystique* **神秘参与**；pleroma **佩雷若玛**；religion **宗教**。

primordial image　原始意象

参见 archetype **原型**。

projection　投射

荣格对投射的看法建立在精神分析的基础上。投射可被视为正常的、病态的，或是作为对焦虑的防御。困难的情感和人格中无法接受的部分可能存在于一个人内部，也可能落在主体外部的客体上（参见 personification 拟人化）。出现问题的内容由此受到控制，使个体感到一种（暂时的）释放感与幸福感。另外，人格中感觉是好的、有价值的部分也可以被投射，以保护它们免受人格中其他被幻想为坏的、有害的部分的破坏。就体验而言，一个人会对他人（或机构，或群体）产生某些他认为适用于那个人的感受；之后他可能会意识到情况并非如此。一个公平的观察者——也许是一位分析师——可能会较早意识到这一点。超过适宜程度的投射一般都会使人格贫乏。婴儿期为正常程度的投射，在成人身上会是病态的。

分析心理学（analytical psychology）也注重投射作为一种使自我意识能够获取内在世界内容的方式（参见 ego **自我**）。其前提假设为自我与此类无意识内容的相遇极具价值（参见 unconscious **无意识**）。通过提供经由投射而激活的原料，由人与物组成的外在世界服务于内在世界。当被投射的东西也代表心灵的一部分时，我们可以最为清晰地看到这一点；**阿尼玛与阿尼姆斯**（anima and animus）投射是由真正的女人和男人"承载"的，没有载体就无法相会。同样，投射中也经常遇到**阴影**（shadow）。根据其定义，阴影即是意识无法接受的事物的储存库；因此对投射有充分的准备。

不过如果要获得任何有价值的东西，就必须对所投射的事物重新进行整合或收集。荣格建议，为了方便理解，可将这一过程分为五个阶段：

（1）一个人确信自己在对方身上所观察到的是事实。

（2）逐渐认识到对方"真正"的样子与投射意象之间的分化。这种意识上的醒悟可能由**梦**（dreams）或事件推动。

（3）对区别进行某种评估或判断。

（4）得出自己所感知的为错误或虚幻的结论。（荣格认为精神分析止步于此。）

（5）有意识地搜寻投射的来源与成因。这包括**集体**（collective）以及个人对投射的决定因素（参见 archetype **原型**）。

荣格曾指出投射在共情中的作用，但认为**内摄**（introjection）的作用更大。要将客体引入主体的势力范围，可能会需要投射；但只有客体的内摄才能助长移情反应。当代可与此类比的是科胡特对共情的定义——"替代性内省"。在科胡特的理论中，投射和内摄的分量是几乎相当的。

荣格坚持投射的功能之一是实现主体与客体的**分离**，并导致主体的孤立状态，这也引起了类似的争论。克莱因学派强调通过着重于消除任何可能出现的分离的投射性认同来对客体进行防御性控制（参见 *participation mystique* **神秘参与**）。

projective identification　投射性认同

参见 *participation mystique* **神秘参与**。

prospective viewpoint　前瞻性观点

参见 teleological point of view **目的论观点**。

psyche　心灵

如《荣格全集》译者所注，荣格将这个词与没有单一英语词语对应的德语单词 *Seele* 交互使用。[①]

荣格对心灵的基本定义为"所有心灵过程的总和，包括意识与无意识"[②]，并据此为**分析心理学**（analytical psychology）划定了不同于哲学、生物学、神学以及局限于研究**本能**（instinct）或行为的心理学的兴趣范围。这样的定义稍显同义反复，却强调了心理探索的一个特殊问题：主观兴趣与客观兴趣的重叠。荣格经常提及"个人观察误差"，即观察者的人格与背景对其观察造成的影响。除了联结意识与无意识过程，荣格也特别将一个人身上的个人与**集体**（collective）因素之间的重叠与张力包括在"心灵"内（参见 unconscious **无意识**）。

心灵也可以被看作对现象的一种透视；其特征首先在于对深度与强度的关注，以及因此而来的体验与单纯发生的事件之间的差异（参见 depth psychology **深度心理学**）。"灵魂"（soul）一词在此有重要意义，荣格对这一词语的使用正是与这样一种深度视角而非传统的基督教用法相关联的（参见 anima and animus **阿尼玛与阿尼姆斯**）。再有就是心灵

---

① *CW* 12，para. 9n.
② *CW* 6，para. 797n.

的多元性与流动性的问题、心灵中相对独立部分的存在，以及心灵通过意象与联想跳跃来运作的倾向（参见 association **联想**；complex **情结**；image **意象**；metaphor **隐喻**；personification **拟人化**）。最后，心灵作为一个视角，暗含模式与**意义**（meaning）；虽然不至于到结果已定的预言程度，但对于个体而言仍是相当明显的。

说到心灵的多元性，就会引发关于其结构的问题。荣格按照**两极**（opposites）来组织念头的倾向，也许使他那勘察心灵的方式有些过于巧合肤浅。例如，**阿尼玛与阿尼姆斯**（anima and animus）平衡了**人格面具**（persona），**自我**（ego）与**阴影**（shadow）配对，自我和**自性**（Self）的定义又强调了两者的互补性。另外，荣格认为心灵某一点的发展会激起整个系统中的扩散反应，这一想法也是系统而灵活的。我们可以看到，荣格对心灵结构与动态的观念之间存有矛盾。而荣格将心灵描述为一种为运动、成长、改变以及**转化**（transformation）而生的结构，又从某种程度上解决了这一矛盾。他将人类心灵的上述能力指为其显著特点。因此，所有心灵过程在一定程度上都具有自我实现的趋势。这个想法本身带来了问题。人是要被视为从某种原始的、无意识的整体性状态发展起来，越来越多地实现其潜力吗？还是要被看作多少遵循着规律从而向一个某种程度上为他而设的目标——"他旨在成为的人"——进发（参见 teleological point of view **目的论观点**；wholeness **整体性**）？又或是要被视为以一种无秩序的混乱方式从一个危机持续到下一个，努力挣扎着去理解发生在自己身上的事？我们可以很简单地说，上述三种可能性均有。但每一种可能性都有其自身的心理影响和贡献；加诸每一种可能性的权重对关于自性和**自性化**（individuation）的争论都起着关键作用。

心灵就像大多数自然系统（如身体）一样，努力地保持着自身的平衡；哪怕保持平衡的企图会带来令人不快的症状、可怕的噩**梦**

（dreams）或是生活中看似无法解决的问题。如果一个人的发展是片面的，心灵中就包含了纠正这种情况所必需的一切（参见 compensation 补偿；infancy and childhood 婴儿期与童年）。在此，必须避免过度乐观或盲目信仰；要保持平衡，必须下功夫，并且时常要做痛苦或艰难的选择（参见 morality 道德；symbol 象征；transcendent function 超越性功能）。

荣格对心灵本质的揣测，使他将心灵看作宇宙中的一种力量。在生物和精神的存在层面以外，心理层面也取得了其作为一个独立领域的地位。重要的是诞生在心灵中的、这些不同层面之间的关系（参见 psychic reality 心灵现实；religion 宗教）。荣格关于心灵与身体之关系的想法是，心灵并非基于，也非衍生自、类似于或相互关联于身体（body），两者互为合作伙伴（参见 psychoid unconscious 类心灵无意识）。他对非有机世界也提出了类似的关系（参见 synchronicity 共时性）。

心灵与自性之间的概念重叠可以有如下的解决办法。虽然自性指人格整体，但作为一个超越的概念，自性也享有与其各个组成部分——例如自我——发生联系的矛盾的能力（参见 ego-Self axis 自我-自性轴）。心灵涵盖了这些关系，甚至可说是由此类动态组成。

荣格不断提及心灵终极的不可知性，正是他愿意将通常被称为超心理或通灵的现象包括在其内的典型例证。

psychic reality 心灵现实

这是荣格的一个重要概念。我们可以看到他以不同的方式着手于这个概念：作为体验、作为意象（image），以及作为对心灵（psyche）本质与功能的暗示（参见 objective psyche **客观心灵**）。

作为体验，心灵现实包括令人觉得真实及感觉到现实力量的一切。根据荣格，人们不是按照历史性事实，而是以叙述性事实的方式来体验生活及生活中的事件［即"个人**神话**（myth）"］。我们所体验为心灵现实的可能是一种自我表达的形式，并最终以控制论的方式帮助心灵现实添加更多层次。这方面的具体明证可见于**无意识**（unconscious）将其内容拟人化的倾向（参见 personification **拟人化**）。由此所得的形象对**自我**（ego）具有情绪性影响，会经历变化和发展——这些形象就此意义而言变得真实了。对于荣格来说，拟人化就是心灵现实的实证示范。

意见、信仰、念头和幻想的存在，并不意味着它们所指的就是按其声称的程度和方式准确无误。通过描绘诠释，两个人的心灵现实会有显著差异。而一套心灵上真实的妄想体系亦不会具有客观有效性。尽管如此，也不能将此与没有任何事物存在、没有任何事物为真的说法相提并论。

在以上第一种用法，即现实的主观水平中，心灵现实与假想的外部或客观现实的关系有着临床上的而非理论上的重要意义。

作为意象。现在人们普遍认为，**大脑**（brain）的结构（其神经生理学的组成）和文化背景会影响我们的感知，且更有甚者，还会影响对这些感知的解释。个人偏见和欲望也在其中扮演着可被视为扭曲感知的角色。这些因素质疑了"现实"与"幻想"之间的传统区别，这样一来，荣格就站在了柏拉图式唯心主义哲学传统的立场。我们也可以把荣格与弗洛伊德进行对比；后者关于"心灵现实"的想法从未胜过他对存在一个可以被发现并科学地测量的客观现实的信念。

所有的**意识**（consciousness）都是间接性质的，由神经系统和其他心理感官过程，还有语言运作来居中斡旋；荣格是最早指出这一点的其中一人。体验，如疼痛或兴奋，是以间接形式传给我们的。在荣格的字典里，这当即就指向了意象，并暗示着内在和外在的世界都是经由意象且作为意象来体验的（参见 metaphor 隐喻）。

内在和外在世界的概念本身就是隐喻性的意象。除了心灵现实中所允许的，这样的空间实体并不存在。荣格在这里以广义来使用"意象"一词，以表示刺激与体验之间缺乏直接的联系。当以此方式使用这个词时，躯体表现乃至整个物理世界——因为它是在意识中所体验到的——都可被视为意象（参见下文）。意象就是直接呈现在意识面前的东西。换句话说，我们是通过遭遇自身体验的一个意象来意识到这些体验的。

上述论点使荣格得出结论，心灵现实由意象组成，是我们唯一可以直接体验的现实。这个看法帮助引介了运用"心灵现实"的第三条道路。

作为对心灵本质与功能的暗示。在荣格看来，心灵（与心灵现实）作为物理与精神领域之间的中间世界，使这两个领域可能在其中相遇交融（参见 spirit 精神）。此处因为德文原文的翻译问题，必须补充一句，"物理"指的是有机和无机两方面的物质世界，而"精神"包括经过发展的念头和认知。这意味着心灵显然处于一个中间地带，一端是如感官印象和植物或矿物的生命等现象，另一端则是理性和精神的思维能力（参见 fantasy 幻想；幻想据说同样起到了理性和物质/感官世界之间的第三种因素的作用）。接受心灵现实，即是不再轻易接受心智与物质或精神与自然之间存在固有的冲突，以及这些因素彼此有天壤之别的看法。

荣格举例比较了对火的恐惧和对鬼魂的恐惧。就心灵现实而言，火和鬼魂（显然完全不同）占据了相同的位置，以同样的方法激活心灵。他谨慎地指出这种说法，对物质（火）或精神（鬼魂）的终极源头只字未提；它们仍是一如既往的未知之处。虽然荣格并不否认接触火与接触鬼魂的消极后果通常不同，但正是恐惧这一现象使我们对心灵现实有所理解。

关于心灵现实的这种观点，在其接受物质不分有机和无机这一方面，比荣格关于**类心灵无意识**（psychoid unconscious）或**共时性**（synchronicity）的假设更加全面——前者突出了心理和生理过程之间的重叠，后者则将心灵和无机物质混为一谈来讨论。虽然有机/无机的区别是值得重视的问题，但心灵现实作为元心理学的一个类别，其包罗万象的性质也许可以更准确地与**一元宇宙**（*unus mundus*）的主张相比较。

psychoanalysis　精神分析

本书的读者大多已经对弗洛伊德与荣格关系的走向有所了解：荣格在 1900 年读到了《梦的解析》[①]，又于 1903 年重读。1906 年他为弗洛伊德送去一份自己所著的《字词联想的研究》（*Studies in Word Association*），两人开始通信，很快就极为重视彼此的书信来往。1907 年他们首次见面，一谈就是 13 个小时。弗洛伊德视荣格为精神分析王国的太子（弗洛伊德比荣格年长 19 岁）；荣格非犹太人的背景对弗洛伊德是一个福音，因为弗洛伊德曾担心精神分析会成为一门"犹太人的科学"。1909 年他们同行访美，个人关系的紧张和概念上的争端开始渐露端倪；到 1912 年荣格发表《转变与力比多之象征》（*Wandlungen und Sym-*

----

① Freud, 1900.

bole der Libido，后来成为《荣格全集》第五卷所收录的《转化的象征》）时，这段关系已举步维艰；荣格预期这本书的出版会使他与弗洛伊德最终决裂；1913 年，这一决裂终于到来。两人决裂后，荣格将自己对心理学的方法定名为"分析心理学"（参见 analytical psychology **分析心理学**；depth psychology **深度心理学**）。

荣格与弗洛伊德彼此交流互动。弗洛伊德为荣格提供了荣格所缺乏的、对一个有坚定信念和道德勇气的父亲形象的体验。[①] 再者，弗洛伊德的思想也充当了可在其中进行探索批评的结构框架。此外，荣格接受了有衣钵传承之重大责任的身份。最后，弗洛伊德作为荣格临床工作及其所有意义的评论者，对荣格是有重要影响的。弗洛伊德认为荣格对精神分析所做的贡献，已由帕帕多普洛斯[②]总结如下：（a）引入经验性的实验方法（参见 empiricism **经验主义**）；（b）提出**情结**（complex）的概念；（c）确立培训分析的制度；（d）运用神话和人类学的扩充（参见 amplification **扩充**；myth **神话**）；（e）针对**精神病**（psychosis）应用精神分析理论和疗法（参见 psychotherapy **心理治疗**）。

对于弗洛伊德与荣格的决裂，评价意见有极大的差异。双方的某些坚定追随者认为两人的决裂使各自的主张都保持了纯粹性。[③] 其他人则将这次决裂视为灾难性的事件，认为弗洛伊德和荣格自此失去了对彼此的平衡影响。[④] 同样，对两人为何决裂也有多种解释，而心理传记中所提供的进一步揣测包括同性恋问题、父子矛盾、荣格对性欲的无法应对、弗洛伊德的权力情结，还有两人的**类型学**（typology）。弗洛伊德和荣格有时也被认为出于两种不同的世界观来工作。

---

① Jung，1963.

② Papadopoulos，1984.

③ Glover，1950；Adler，1971.

④ Fordham，1961.

我们可以识别出以下六处分歧；这些分歧是荣格后续大部分主张的起源，也描述了精神分析和分析心理学之间持续存在的差异。

第一个分歧是，荣格认为弗洛伊德将人类动机仅仅解释为基于性欲，对此他无法认同。这种观点使他修改了弗洛伊德的力比多理论（参见 energy 能量）。

荣格与弗洛伊德的第二个分歧是，荣格认为弗洛伊德对**心灵**（psyche）的总体看法是机械性、因果性的。人类并不依照类似于物理或机械原理的法则生活（参见 reductive and synthetic methods **还原与合成方法**）。

荣格与弗洛伊德的第三个分歧是，荣格批评弗洛伊德对"幻觉"和"现实"之间的区分过于死板。在荣格的著作中，他关注的自始至终都是为个体所体验的**心灵现实**（psychic reality）。由此而论，无意识就不被看作敌人，而是可能有帮助和创造性的事物（参见 teleological point of view **目的论观点**）。比如说**梦**（dreams），根据荣格的观点，梦就不再被视为在某种意义上具有欺骗性并需要分析破译。相反，他断言梦原原本本地揭示了心灵中的无意识状况；这常常与属于意识的情况相反（参见 compensation **补偿**）。这些对梦的不同意见背后，是对待**象征**（symbols）和**解释**（interpretation）的不同方式（参见 opposites **两极**；transcendent function **超越性功能**）。

第四个分歧是关于人格形成中先天（本质）因素与环境的平衡。每个人对这种平衡的感知都不尽相同。荣格后来完善了他对先天模式的说法，但有趣的是推测可能发生的事：假若弗洛伊德继续发展他对无意识中的一些元素从来没有被意识到的观点，这可能会引向如"**原型**"（archetype）这样的概念。① 然而，无论是在 1920 年代弗洛伊德对他的理论进行重大修订之前还是之后，他都强调无意识是一度为意识的但后来受压抑的材料的仓库。虽然本我被描述为部分是遗传和先天的，但直到梅兰妮·克莱因后来使用这个想法时，才对此有充分的考虑。② 同样，弗洛伊德早期将"原始幻想"指为一种"种系发生意义上的天赋"的说法，在随后对其思想的阐述中也没有得到强调。③

第五个分歧是关于良知和道德起源的意见；这随着时间推移变得越发尖锐（参见 morality 道德；super-ego 超我）。

第六个分歧是关于恋母情结在人格发展中的节点地位。荣格的重点更多地放在婴儿与母亲的初始关系上（参见 infancy and childhood 婴儿期与童年；object relations 客体关系）。

荣格在反对弗洛伊德的某些看法时显现了非凡的先见之明；他预期到了后来随着其他观点的发展，在精神分析领域内的许多进展。④ 荣格所做贡献的开创性令人质疑加诸他身上的"信度差距"⑤。

分析心理学当然借用了精神分析的大量内容。荣格本人对精神分析的印象似乎一直停留在他离开这个领域的活动之时。这导致他提出了现在看来过分简单化的批评，也使他偶尔会因为依赖自己所了解的精神分析主张而犯错（参见 ego 自我）。当代分析心理学家们最倚重精神分析之处，在于分析技术以及早期发展的连贯模式（参见 analyst and patient 分析师与患者；infancy and childhood 婴儿期与童年；object relations 客体关系）。科胡特的自体心理学也正在成为一股重要的影

---

① Freud，1916 - 1917.
② Klein，1937.
③ 同上书，pp. 370 - 371。
④ 参见 Samuels，1985a。
⑤ Hudson，1983.

响力。

　　荣格为巴塞尔大学的学生讨论小组佐芬吉亚俱乐部（Zofingia Club）所写的论文近期得到发表①，这在一定程度上公开提出了弗洛伊德对荣格之影响的问题。荣格于 1896 年至 1897 年写作这些论文，当时他还从未听说过弗洛伊德。在对这些演讲进行深入研究之前，分析心理学的根基都被假定为仅仅源于精神分析。荣格后来的许多兴趣都可以在这些演讲中找到其早期的表达，我们还可以从中得出对荣格研究的概念背景至为清晰的画面。1897 年，荣格宣读了一篇题为《对心理学的几点看法》的文章；在引用康德和叔本华来定下基调后，他讨论了 **"精神"**（spirits）超越身体而在 "另一个世界" 的存在。这些想法非常类似于后来作为自主心灵原则出现的理论；这就是大于我们的意识的 **"灵魂"**（soul）。这些种子在荣格的职业生涯后期成长为心灵**能量**（energy）的理论和**自性**（Self）的概念。

　　总之，正如冯·弗朗兹在她为《佐芬吉亚演讲录》（*Zofingia Lectures*）所写的引言中说的那样："荣格在这里首次间接提及了一个无意识心灵的想法。"更重要的是，荣格认为这种 "无意识" 的行为是有目的的（参见 teleological point of view **目的论观点**），并且处于时空逻辑之外（参见 synchronicity **共时性**）。然后他对唯灵论和心灵感应现象的领域进行了分类，以巩固他后来所称的**心灵现实**（psychic reality）。演讲最后恳请人们在科学中要有道德（此处谴责了活体解剖）以及允许**宗教**（religion）存在非理性一面。

　　除了前述已提到的哲学家，荣格还受到尼采的影响；荣格的研究也站在柏拉图式传统的立场。当我们进一步考虑除弗洛伊德以外对荣格的影响，应当提及弗卢努瓦（Théodore Flournoy）和布洛伊勒。后者是

---

　　① Jung，1983.

荣格在苏黎世伯格霍兹里精神病院的上司，荣格从 1900 年到 1909 年在那里工作（参见 word association test **字词联想测试**）。布洛伊勒创造了一种乐于接受并积极使用弗洛伊德想法的氛围。截至 1908 年左右，布洛伊勒都被弗洛伊德视为对精神分析最重要的支持者。然而弗洛伊德被荣格说服，转而认为布洛伊勒两相矛盾、不可信任，于是两人之间的关系逐渐损毁。荣格在其自传①中几乎对布洛伊勒只字不提，并且似乎对布洛伊勒的评价很低（参见 schizophrenia **精神分裂症**）。对荣格有显著影响者还包括让内、沙可和詹姆斯。

最后，虽然并不赞同其总体观点，荣格还是运用了冯特和其他 19 世纪末期的德国实验心理学家的研究。

psychoid unconscious　类心灵无意识

荣格在 1946 年首次提出了类心灵无意识的想法。他的构想有三个方面：

（1）指一个**无意识**（unconscious）的或是在无意识中，完全无法进入意识的层次。

（2）无意识这一最基本的层次与有机世界有着共同的属性；心理和生理世界可被视为一枚硬币的两面。类心灵层次为中性性质，既不完全是心理的，也不完全是生理的。

（3）当荣格把**原型**（archetype）的概念应用到类心灵无意识上时，

———————

① Jung，1963.

心灵/有机的联系是以一种心智/身体联结的形式来表达的。原型可以被描述为一个尺度，从生理本能一端的"红外线"，到精神或意象一端的"紫外线"。原型拥抱两个极端，而且可以通过任何一端来体验并理解。采用生物学或习性学来对待原型的方法可以被称为"红外线"，而使用神话或意象的方法则是"紫外线"（参见 image **意象**；metaphor **隐喻**；myth **神话**）。

可以与**心灵现实**（psychic reality）、**共时性**（synchronicity）、**一元宇宙**（*unus mundus*）进行对比和比较。

psychopomp　引灵者

在**初始化**（initiation）和过渡时期引导灵魂的形象；希腊**神话**（myth）中，因为赫尔墨斯陪伴死者的灵魂，并能在反向极性（不只是死亡和生命，还有黑夜和白昼、天和地）之间来往，故传统上这是归属于他的功能。在人类世界，牧师、巫师、巫医以及医生等被认为能满足神圣与世俗世界之间对精神引导和调解的需要。荣格并没有改变这个词的意义，但他用它来描述**阿尼玛与阿尼姆斯**（anima and animus）将人与对自己的终极目的、事业或命运的一种感觉相联系的功能；以心理学用语来说，即是作为联结**自我**（ego）和**无意识**（unconscious）的媒介（参见 Self **自性**）。

参见 mana personalities **玛那人格**。

psychosis　精神病

某种未知的"东西"或多或少地**占据**（possession）**心灵**（psyche），不受逻辑、信念或**意志**（will）影响持续存在的一种人格状态（参见 dissociation **解离**）。**无意识**（unconscious）侵入并取得了对意识**自我**（ego）的控制，且由于无意识没有组织或集中的功能，其结果是心理的混乱（参见 archetype **原型**）。但如果无意识怪异陌生的隐喻语言能与**意识**（consciousness）沟通，精神病就可能具有治疗的效果（参见 metaphor **隐喻**；symbol **象征**）。当我们可以有效地引导自此释放的压抑**能量**（energy）时，意识人格就获得了再生力量的新来源。

荣格最初于 1917 年提出这些想法，后来又多次重新考虑并申明。这些想法代表从**深度心理学**（depth psychology）的视角来对待精神病的方法；并且虽然近几十年来精神质行为已被证明可以通过现代的药物来控制，但与这种状态相关的心灵状况仍然没有改变。尽管可能经历了长时间的准备才爆发，但精神病的发作可以是十分突然的。虽然神经症可能掩藏了精神病，但神经症所带出的材料一般可以为人们所理解，而精神病则并非如此。在精神病的情况中，不可控制的幻想是不受拘束地放任自流的。

至于病因方面，荣格费尽心思地说明自己在一个人与生俱来的心理倾向中看出对后来症状的某些决定因素，但心理倾向不是精神病的唯一原因（参见 pathology **病理学**；schizophrenia **精神分裂症**）。荣格的观点是，如果一种精神病的病况可以接受心理治疗，就可以尝试去加强自我，使其足以整合心灵内容；但如果置之不理，那么十有八九象征过程会持续混乱而失控。虽然外人——分析师或精神科医生——往往能够搞清楚精神质呓语的意思，但是心灵通常的补偿机制被颠覆的方式会使无意识意象强力侵入（参见 compensation **补偿**）。奇怪的是，这令人困惑的无意识象征入侵的过程，也同样出现在有强烈创作灵感以及皈依宗教的时候；但在这两种情况下，都存在一种强度足够的非个人容器［艺术品或**仪式**（ritual）］用以维持稳定性和目的感，直到个体恢复平衡、**意义**（meaning）变得明显（参见 initiation **初始化**；religion **宗教**）。

psychotherapy　心理治疗

对**心灵**（psyche）的治疗；采用**分析心理学**（analytical psychology）的方法时，是通过探索**无意识**（unconscious）来进行的。

心理治疗被认为是较为现代化的术语及实践，不过仍然可以相对应于古老的治愈仪式。[①] 荣格将心理治疗定义为对**灵魂**（soul）的治疗[②]，但我们必须提醒自己，他所指的并不是宗教性的实践。同样，虽然涉及医学，但是心理治疗的领域是**神经症**（neurosis），它与**精神疾病**（mental illness）或神经障碍不同。荣格在 1941 年（他的职业生涯中相对较晚的时期，并且正处于一场世界大战当中）对同行们所发表的演说中谈到，心理治疗的首要任务是一心一意地追求个体发展的目标；他将这一目标的来源追溯到让"一个人成为自己一直以来真实的存在"的各种复原仪式。

脱胎于精神分析的现代心理治疗已在弗洛伊德方法的基础上得到了广泛的衍生。但一如荣格形成了自己的理论，分析心理学家的咨询室里也开始出现不同的特点。不过，心理治疗仍是两个人之间的讨论（参见

---

① Ellenberger，1970.

② *CW* 16，para. 212.

analyst and patient **分析师与患者**）。由于在心理失常中一切都搅在一起，整个人都受到影响，心灵不能被分隔开来治疗，这是两个心灵系统之间相互作用、彼此回应的辩证过程。

心理治疗师不仅仅是一个治疗的媒介，也是参与治疗工作的同伴。他应对具有多重含义以及至少是带有多种诱惑的象征性表现。这就需要治疗师本人进行"道德分化"，因为一个有神经症的心理治疗师总会在患者身上医治自己的神经症。①

处于心理治疗过程中最显著的位置的，是作为疗愈或有害因素之一的、治疗师自己的人格（参见 analyst and patient **分析师与患者**）。治疗工作基于以下原则：当无意识提供的象征性片段融入意识生活时，其结果是一种不仅更为健康，同时也"管用"的心灵存在的形式，因为它更充分地对应了个体自身的人格。在心理治疗中，患者恢复的过程激活了活在其自身内部的原型和**集体**（collective）内容。神经症的原因被视为意识态度和无意识趋向之间的矛盾。这种**解离**（dissociation）通过对无意识内容的吸收或**整合**（integration）而最终得到弥合。其"**疗愈**"（cure），如前所述，就是让患者成为自己真实的存在。

荣格把心理治疗区分为"大型治疗"和"小型治疗"：前者处理明显的神经症或边缘精神质状态的病例，而后者则可能只需提供意见、好的建议或一些解释就可以。荣格的这个划分十分接近当今动力心理治疗和支持性心理治疗的分化。他认为无论是医学培训还是学术性心理学本身，都不足以作为心理治疗实践的背景，并指出"一个人不去将人作为一个整体进行接触，就不能医治心灵"。因此，他深信对想要成为治疗师者进行彻底及持续治疗的必要性，并且是坚定支持此过程的先驱。

---

① *CW* 16，para. 23；Guggenbühl-Graig，1971.

　　后荣格学者更明确地关注心理治疗的实施方式，其中不同学派的实践有显著的差异。[①] 受荣格对大型和小型心理治疗之分化的影响，某些分析师将分析视为持续时间长、较为频繁进行的工作，而"心理治疗"则留用于虽然也是定期进行，但较不频繁或时间较短的工作。不过荣格本人并没有做此区分，其方法更为随意。他坚持认为，治疗必须按照个体的自身条件来设计、调整步调以及评估。如果有疑问，或是以非正统的方式进行处理时，他会听从自己以及患者的无意识做最终的裁决。

　　参见 analysis **分析**；psychosis **精神病**。

puer aeternus　　**永恒少年**

　　永远的少年；被认为是一个**原型**（archetype），被看作人格中一个神经症式的组成部分，并且被视为一个原型的主导要素，或是活跃在人类心灵中寻求结合的一对极端**意象**（image）［另一个是**老者**（*senesx*）］。

　　荣格认为永恒少年是指孩童的原型，并推测其再三出现的魅力源于人对无法更新自己的投射。这个初生的拯救者的特征包括冒险脱离自身起源的能力、身处永远不断发展的状态、以纯真得到救赎，以及具体地设想全新开始。永恒少年的形象象征着让交战之**两极**（opposites）和解的可能性，因而变得十分迷人；在现实生活中，甚至对其自身也极具吸引力。

　　当我们把永恒少年视为一种人格障碍时，其最显著的特点是对**精神**

---

① Samuels，1985a。

（spirit）的过分强调。冯·弗朗兹用少年（*puer*）这个词来形容很难安定下来、没有耐心、无关联感、理想主义、不断重新开始、看似不受年龄影响、惯于放飞想象力的那些人。[①]

但是，少年也有其积极的一面。除了永无休止、引向短暂生命的青春期，希尔曼[②]在少年中也看到了"我们自己的第一种天性，我们原始的美好阴影……我们作为神圣使者的、天使般的本质"的景象。他的结论是，少年赋予我们以命运感与意义感。

对女性当中相应属性的观察以及意象的探索，近年方兴未艾。[③]

---

① Von Franz，1971.
② Hillman，1979.
③ 例如 Leonard，1982。

R

rebirth　重生

一种超然和/或转化的心灵体验，无法从外部视角观察到，但仍是一种曾亲身体验者感受到且可证明的现实（参见 psychic reality **心灵现实**）。它是遭遇**转化**（transformation）**原型**（archetype）所得的主观结果。

超然的体验与神圣的更新仪式相关联。不管是在**初始化**（initiation）、其他宗教和圣礼仪式（参见 ritual **仪式**）中，还是在神秘与否的**幻景**（vision）的过程中，这种体验都多少会带来相似的效果；即虽然旁观者的本质并非必然受到改变，但他亦可参与其中。他可能会在美感方面印象深刻，甚至为之心醉神迷，但于其存在中并没有表现出持久的变化（参见 religion **宗教**）。

另外，主观转化则涉及一个人整个存在的变化。主观转化可以是精神病理学方面的［例如**心智水平降低**（*abaissement de niveau mental*）、**认同**（identification）、**膨胀**（inflation）、**占据**（possession）］，也可以与药物、符咒、催眠或其他魔法手段（参见 magic **魔法**）所引起的意识状态改变相联系。但它们也可能以**自性化**（individuation）自然过程的结果出现，这样的过程会令人感觉自己得以重生为一个"更大"的人格。

传统上，更大的自性所化身成为的内在形象可见于**投射**（projection），其表现有炼金术士之石、基督、异教神、上师、向导、领导者或其他的**玛那人格**（mana personality）。荣格通过解释伊斯兰神秘主义中的希德尔（Khidr）之形象来说明重生的过程。① 他表示，这样的故事牢牢地吸引我们，是因为它们都表达了转化的原型，且与我们自身的无意识过程相似。

reductive and synthetic methods　还原与合成方法

荣格质疑因果关系与宿命论在人类心理中的运作：

> 个体的心理永远不能单纯从其自身被彻底说明……没有任何心理事实可以单纯以因果关系来解释；作为一个活生生的现象，心理事实总是与关键过程的连续性不可分割地息息相关，因此它不仅是进化了的，也是持续不断完善和创新的事物。②

荣格用"还原"一词来形容弗洛伊德试图揭示心理动机原始的、本能的、初始的基础或根源之方法的中心特征。因为还原方法未能展露无意识产物［症状、**梦**（dream）、**意象**（image）、口误］的完整**意义**（meaning），荣格对此持批评态度。将无意识的产物与过去相联系，就可能会失去其当下对个体的价值。他另一个反对的理由是，还原有过度简化的倾向，忽视了荣格认为是更深层次的含义。尤其是，还原的解释可能以过于个人的措辞来表述，与所谓"个案事实"的关联过于密切。

比起一个人身处情况的假想原因，荣格对其一生何去何从更感兴趣。这是一种**目的论观点**（teleological point of view）。荣格将此定位

---

① *CW* 9i，para. 240ff.
② *CW* 6，para. 717.

描述为"综合"，暗示具有首要意义的事物出现于起点。在这样的看法上继续发展，他主张应当把患者可能告诉分析师的一切视为主观性的真实，而不是历史性的真实（参见 psychic reality **心灵现实**）。因此，对性侵犯或声称所见之事件的描述很可能是幻想；但对于所涉及者来说，在其心理上仍是"真实"的（参见 fantasy **幻想**）。

荣格指出，在往往忽视了严格的因果因素的日常生活中，我们都将合成方法视为是理所当然的。例如，如果一个人有自己的意见并表达出来，我们会想知道他是什么意思、他想要说些什么。使用合成方法，需要将心理现象视同具有意图以及目的导向——根据目标——或是目的论去考虑。**无意识**（unconscious）则被给予知识或者甚至预知的权柄。①这样的方法论与荣格对**两极**（opposites）的基本观点一致，即无论两极相隔多久远，它们仍持续不断地走向或寻求合成（参见 *coniunctio* **精合**）。

必须强调的是，荣格从来没有回避过对婴儿期与童年的分析——他认为这在某些情况下是必要的，然而范围有限。② 还原与合成方法也可以并存。例如，幻想可以还原解释为对作为先行事件结果的个人情况的封装，也可以从象征性的合成观点出发解释为对未来心理发展之轮廓的勾画。③ 参见 symbol **象征**。

还原观点所需要的不仅仅是档案管理员般收集归纳的态度，而荣格未能公平地对待这种观点。这不是简简单单重建婴儿期事件的问题，而是要用想象力反思此类事件的重要性。分析心理学家们本身偶尔也会犯下以粗略的还原方式使用原型和情结的错误。

---

① *CW* 8，para. 175.
② *CW* 16，paras. 140 – 148.
③ *CW* 6，para. 720.

一些当代的精神分析学家也与荣格持一致的批评意见。① 因果关系作为心理学中一条解释的原则，如今是有待商榷的。

reflection   反思

荣格指出了本能活动的诸多领域（参见 archetype **原型**；life instinct **生命本能**；transformation **转化**），其中就包括反思：从意识尽力回倾或转为内在，以让心理上审慎斟酌的干预来取代对客观刺激不经预先考虑的直接反应。如此深思熟虑的结果不可预知，由于反思之自由，其结果也可能是自性化及相对性的回应。反思"重现了激发的过程"，将在采取行动前一系列内化的心灵内在意象指为动力。通过反思的本能，刺激变成一种心灵内容，一种通过它可将自然或自动的过程转化为有意识及创造性的过程的体验。

荣格也推动了以下假设：反思虽为意识导向，但在**无意识**（unconscious）中同样有其潜在的对应者，因为所有体验都是由心灵意象的方式来反映的（参见 image **意象**；psychic reality **心灵现实**）。这一假设逻辑上承继了荣格的**原型**（archetype）与**情结**（complex）理论。然而反思过程本身虽然是本能的，却也主要是一个有意识的过程，其中包括把意象（以及随之而来的情感）带到决策与行动的临界点。

从心理学上讲，反思是"产生意识"的行为。荣格将反思看作"最为出类拔萃的文化本能"，其优势展现于**文化**（culture）显示自身较自然优异、在自然面前维持文化本身的力量上。② 但若将反思留在近乎本

---

① Rycroft，1968；Schafer，1976.

② *CW* 8，para. 243.

能的层面不管不顾，它又是自动的。使用**字词联想测试**（word association test）的早期研究证实了这一点。不过，当反思提升到意识中被察觉后，又会从一种强迫性的行为转变成具有目的以及个人取向的行为。

正是反思使**两极**（opposites）得以平衡。但要如此，必须认可意识多于知识，并接受反思过程为"观视内在"（seeing within）。我们的个体自由在此表现得最为引人注目。反思会让人诉诸**梦**（dream）、**象征**（symbol）以及**幻想**（fantasy）。

正如荣格指出**阿尼玛**（anima）给予男人的意识以关联性，他认为**阿尼姆斯**（animus）也给予女人的意识以反思、审慎及自我认识的能力。这两项原则之间的张力并不是非此即彼，但显然需要对立与**整合**（integration）——创造性地体现在两者之间关系的**转化**（transformation）上。在生命将要终结时，荣格自己是这样表达的："如今这一事实本身迫使我去注意到，在反思的领域以外，还有另外一个同样甚至更为广泛的领域，其中理性的理解和理性的表现方式几乎找不到任何它们能够掌握的东西。这就是厄洛斯的领域。"①

regression　退行

荣格对待退行的态度与弗洛伊德的明显不同。对于弗洛伊德来说，退行几乎总是消极的现象；即使作为一种防御，也常常是失败的（"才出油锅，又入火坑"②）。退行是需要被击退和克服的。自 1912 年起，荣格坚信退行具有治疗以及人格提升的作用（并不否认长期而无效的退

---

① Jung，1963.
② Rycroft，1972.

行之有害性质）。退行可被视为一个再生的，或在随之而来的进展之前紧缩的时期。由于这个原因，**分析**（analysis）和**心理治疗**（psycho-therapy）可能都要支持退行——甚至要达到"出生前的水平"。马杜罗和威尔赖特①总结荣格是倡导"移情内的创造性退行"（参见 analyst and patient **分析师与患者**）。

乱伦幻想可以被看作退行的一种特定形式，一种与由父亲或母亲形象代表的存在理由发生接触的企图。这样的退行要有价值，就必须最终继续活下去。进展所固有的代价或**牺牲**（sacrifice），是失去与父母形象融合所提供的安全。荣格强调出自退行的进展，与他强调死亡和**重生**（rebirth）是一致的（参见 death instinct **死亡本能**；incest **乱伦**；life instinct **生命本能**；transformation **转化**）。

当代精神分析修正了弗洛伊德相对严苛的观点（亦即科胡特在1980年的论著中称为弗洛伊德的"成熟道德"的观点）。克利斯②首创了"服务于自我的自我退行"这一短语，巴林特③称为"良性"退行，温尼考特④则写到"幻觉宝贵的安息之地"。

religion 宗教

对于荣格关于宗教的陈述，已有各种审视，也曾经以医学、心理学、形而上学和神学等多个视角被质询。他的研究是否有主观偏见，以

---

① Maduro and Wheelwright，1977.
② Kris，1952.
③ Balint，1968.
④ Winnicott，1971.

及他是否回避承认某一信条，也都多经查证。但在其著作中，荣格的态度向来是一致的。对于他来说，宗教是心智的一种态度，一种对某些"力量"的慎重考虑和观察；精神、恶魔、神、律法、理想——或者更确切地说，是一种对任何打动人心到足以令人崇拜、服从、崇敬和热爱的事物的态度。以荣格自己的话来说："那么我们就可以说，'宗教'一词即是指经过**圣秘敬畏**（numinosum）的体验而受到改变的一种**意识**（consciousness）所特有的态度。"①

然而批评者们——尤其是神职人员——仍不断质疑荣格，因为他坚决拒绝表明圣秘敬畏本身从何而来，只表示它在个体身上相当于一个**神意象**（God-image），并有原型激发表达以及在表达时采用可识别之形态的倾向。荣格观察到，这种形态近似于古往今来代表人类与所谓神圣之间关系之形象的特征（参见 archetype **原型**）。他认为，人天然就是虔心于宗教的，宗教的作用与性本能或攻击本能一样强大。在他看来，宗教作为心灵表达的自然形态，也是一个适于心理观察和**分析**（analysis）的主题。

荣格确立了心理学立场，又费尽心思明确指出他所说的宗教并非意指法规、教义或信条。他表示："神是个谜，而我们所说的关于他的一切都是由人类去说去信的。我们造出意象和概念，但当我说到神的时候，我总是意指人所造出的神**意象**（image）。可是没有人知道他是什么样的，知道的人自己就是神了。"②

荣格将人对神意象的心理载体称为**自性**（Self）。他认为自性充当着人格的排序原则，反映了个体的潜在整体性，推动了助益人生的相遇，并且验证了**意义**（meaning）。他指出，几乎任何把一个人与以上属

---

① *CW* 11，para. 9.
② Jung，1957.

性联系起来的事物都可以作为自性的**象征**（symbol），但某些由来已久的基本形态——如十字架和**曼荼罗**（mandala），是已经确认的、人类至高宗教价值的集体表现。例如，十字架象征人类与神圣的终极对立，而曼荼罗则代表这种对立的解决（参见 opposites **两极**）。在心理意义上，荣格将**超越性功能**（transcendent function）视为通过象征的构成完成了联系人与神，或说是一个人与其终极潜力的任务。

自我（ego）被命令回应自性的要求这一主张是荣格的**自性化**（individuation）概念的核心；自性化即一个人使自己完满的过程。由于这样的完满为个体的努力传达了意义，它就具有了宗教的重要性。荣格认为，所有的生命都会将成分各异而相互矛盾的冲动带到一起并解决。只有存在一种活生生且有效的宗教态度时，才可能有个体与集体心灵之间的联合。

荣格在论及他个人的宗教观点时写道："我不相信，但我确知有这么一种本质非常个人、影响不可抗拒的力量。我称此为神。"① 明确谈到基督教时，他视自己为路德教徒及新教徒。在他的自传中，他表示自己不仅想要对基督教的信息敞开大门，而且认为基督教对西方人是至关重要的。但他也强调，我们需要根据当代精神所带来以及造成的改变，以新的眼光重新看待基督教；否则基督教就会与时代脱节且没有建设性效果。荣格承认他对宗教的观点是，宗教将我们与一种永远的**神话**（myth）相联系，但也正是这种联系给宗教以普适性及对人类的有效性。

ritual　仪式

有意识或**无意识**（unconscious）地表现宗教目的或意图的服务或仪式

---

① Jung，1955.

（参见 enactment **表现**；religion **宗教**）。仪式表演是根据神话和原型主题象征性地表达信息，涉及一个人的全身心投入；它们向个体传达了一种加强了的**意义**（meaning）感，且同时依附于投合时代**精神**（spirit）的表述形式（参见 archetype **原型**；myth **神话**；symbol **象征**）。当个人与**集体**（collective）的仪式不再体现与时俱进的精神时，就会寻求新的原型表述，或是对旧的形式给予新的解释，来弥补改变了的**意识**（consciousness）状态。

仪式的功能是，在从一种状态或存在方式转变至另一种的期间，当一个人的心理平衡受到**圣秘敬畏**（numinosum）出乎意料的力量威胁时，为**转化**（transformation）［即**初始化**（initiation）、**婚姻**（marriage）］做一个心灵容器。荣格相信，人在仪式中表达了他最重要和最基本的心理状态；如果无法提供合适的仪式，因为由一种心理状态转变为另一种会影响人格的稳定，人们会自发且无意识地制定仪式来维护这种稳定。但仪式本身并不影响转化，只是包容转化。

荣格对仪式很感兴趣，并为此探访了非洲、印度以及美国西南部的印第安部落。他尤其受到初始化仪式的吸引，认为它们与个体在不同的**人生阶段**（stages of life）的过程与进展多有相似之处。在与患者进行的工作中，他观察到对仪式的依赖是意识每次增强的其中一个方面。他对移情心理的研究[1]可被看作对心理变态的仪式象征意义的一种**解释**（interpretation）。

人类学家以及比较宗教学研究者伊利亚德是荣格在这个领域的一位同事，他为荣格提供了研究材料。亨德森[2]与佩里[3]曾将初始化仪式与临床研究结果相关联。

---

[1]　*CW* 16.

[2]　Henderson，1967.

[3]　Perry，1976.

S

sacrifice　牺牲

在关于牺牲的文章中，荣格曾相当坦诚地谈及自己的神学。牺牲一词的常见用法有两层含义：一是舍弃，二是背弃。当我们考虑心理意义上的牺牲时，这两层含义都会涉及，但也都未能充分表达这个词"使神圣化、使值得崇敬"的本义。放弃的行为等于认可一种位于目前意识之上的排序原则。

荣格承认，我们每个人都会在生命中的某个时刻被要求牺牲，即要背弃一种所珍视的、无论是神经质还是别样的心理态度。不论情况为何，这种要求都远大于临时性调整。一个人有意识地舍弃一个**自我**（ego）位置，而选取另一个似乎拥有更大**意义**（meaning）和重要性的位置。这其中涉及的选择以及从一个视角转换到另一个视角的过渡都是困难的；荣格认为这就是每当**无意识**（unconscious）的内容展露自己、**两极**（opposites）发生冲突时所暗示的模式（参见 transformation **转化**；initiation **初始化**）。牺牲是我们为**意识**（consciousness）付出的代价。

一个人对牺牲的献礼象征着其人格与自尊的一部分；然而，谁也无法在做出牺牲当时就充分认识到所献上的祭礼的含义。按照神话与宗教的传统说法，所有献祭都必须视为要被毁坏一般。因此我们不可能去考虑牺牲，却不直接或间接提及牺牲的意义与**神意象**（God-image）亦有关联。荣格并不把牺牲的必要性看作古代迷信的残余，而是视其为我们作为人类所付出的代价中一个重要的组成部分。若说"**自性**（Self）要求我如此"，倒是一个逻辑的回答，但人们可能仍会忽视其中涉及的关系。

要对此类交换有分析式的觉知，我们就必须对心灵的宗教功能有所意识。不少分析师对此多有回避；也许是因为他们将对宗教功能的**分析**（analysis）错误地等同于对**宗教**（religion）的分析。不过，对牺牲的理解让我们能够确定，失去也具有意义，且这种意义时常抵消解体的作用。

schizophrenia   精神分裂症

荣格自早年的学生时期开始就对精神分裂症（当时被称为早发性痴呆）很感兴趣。随着其集体无意识概念以及原型理论的发展，他的态度也有改变。荣格认为精神病总体而言，特别是精神分裂症，可以解释为集体无意识的内容压倒了**自我**（ego）及人格受分裂开来的一个或多个**情结**（complex）支配（参见 archetype **原型**；unconscious **无意识**）。

此处至为关键的言下之意是，精神分裂症的话语和行为都可被看作有意义的，只要能够弄清其中的意义是什么。由此，作为将临床材料与文化和宗教母题相结合的方法，**联想**（association），随后是**扩充**（amplification）的技术首次得到使用。在《转化的象征》中，荣格通过联想和扩充对一个精神分裂症病例的前兆进行了分析。[①] 而随着这篇文章

---

① *CW* 5.

的发表，荣格的看法最终导致了他与弗洛伊德的彻底决裂。

　　但是精神分裂症的因果关系为何呢？荣格思想的演变揭示了他对此并不确定。他很清楚精神分裂症是一种心身障碍，即躯体化学基础的改变与人格的扭曲畸变某种程度上是交织在一起的。问题是其中哪一项应当被视为主要的病因。

　　荣格的上司布洛伊勒认为，心理障碍是人体产生了某种毒素或毒性而导致的（参见 psychoanalysis **精神分析**）。荣格的重要贡献是充分估计**心灵**（psyche）的重要性以扭转相关要素：心理活动可能导致躯体上的变化。[①] 不过，荣格也曾尝试利用一条巧妙的准则将自己的想法与布洛伊勒的相结合。上述这种神秘的毒素确实可能存在于我们体内，但只有当心理环境合宜时，其作用才会如此具有破坏性。另外，一个人可能具有产生这种毒素的遗传倾向，而这将不可避免地与一个或多个情结相关联。

　　精神分裂症除了是一种与生俱来的神经异常，还可以有其他成因，这在当时是革命性的观点。荣格认为精神分裂症是在心身性的总体框架下由心理因素引起的[②]；基于这一看法，他提出应当采用心理治疗方法［**心理治疗**（psychotherapy）］治疗精神分裂症。在治疗环境中对精神分裂症的沟通与治疗之译解，形成了由宾斯旺格[③]和莱恩[④]所发展的存在分析法的中心思想；当代精神病学也在一定程度上肯定了这些思想。

　　对于精神分裂症，目前有一种极具争议的看法，即精神分裂症不是真正的疾病，而是对我们的社会认为是可容忍的正常范围的一种衡量。

---

① *CW* 3，para. 318.
② 这是荣格的最终立场，见 *CW* 3，para. 553ff。
③ Binswanger，1945.
④ Laing，1967.

因此，反对常规精神病学的精神科医生认为，精神分裂症只不过是一个精神病学的分类——正如地图并不是版图。[①] 荣格的想法并未激进至此，但他强调，"潜在的精神病"比一般大众所接受的程度更为普遍，而我们永远也不能用"正常"来描述个体（参见 adaptation **适应**）。对于前述看法还有一种与当代观点有所共鸣、更进一步的改良，即认为表面的崩溃实际上也可以是一种突破的形式，一种要进一步发展所必需的初始化前兆（参见 initiation **初始化**；pathology **病理学**；rebirth **重生**；self-regulation **自我调节**）。

荣格关于精神分裂症的经验似乎主要着重于其夸张的形式（妄想、严重的思想障碍、关系妄想等）；对现今精神病院中明显可见、精神分裂症所特有的"**情感**（affect）**淡漠**"，则并没有多费笔墨。众所周知，精神疾病的特点会根据文化转变而变化——这也是精神疾病的存在具有争议的原因之一。例如 1890 年代癔病性麻痹在德国和奥地利的高发率，就可能与当时出现的铁路事故保险计划相关。

精神分裂症的抽离可被看作对现代工业社会的无意义感和疏离感——尤其是随贫困而来的极端心理剥夺之体验——的反应。在贫瘠的社会状况下，一直努力抑制无意识也就意味着任何形式的情感都会自人格中压抑下去或分离开来。荣格也没有对此类"急性情境精神病"中的抑郁元素进行探讨。对此，我们必须基于荣格作为一个属于他那个时代的人来看待其看法（参见 collective **集体**；culture **文化**；society **社会**）。

一些分析心理学家[②]曾将发展性框架应用于精神分裂症。因为母亲未能从中为婴儿对原型进行调解——以某种方式将原型消减至人类的级别，使其能被整合——精神分裂的心智内容仍保持着原型的特色。这就

---

① 参照 Szasz，1962。
② 例如 Perry，1962；Redfearn，1978。

是为什么会出现"情感淡漠";这是一种无意识的自我控制形式。要与精神分裂症或受到严重损害的患者进行工作，分析师必须充分运用其反移情（参见 analyst and patient **分析师与患者**）。

Self　自性

一个原型**意象**（image），代表人的潜能之完全体现以及人格统一整体。自性是人类心灵中统一的原则；它占据心理生活中权威的核心地位，因此也主宰着个体的命运。

荣格谈及自性时，有时指其为心灵生活的开端，有时又指自性的实现为目标。他强调，自性是一个经过实证的概念，而不是哲学或神学的构想，但他的观点与宗教假说之间的相似需要澄清说明。我们无法排除自性的概念与**神意象**（God-image）的相似性来考虑这个概念，因此，**分析心理学**（analytical psychology）一直受到两方面的质询：一方面是将自性作为对人类之宗教本质的确认，并因此而乐于接受自性者；另一方面是认为这样的心理构想不可接受的人，其中包括医生、科学家以及宗教教条主义者。

荣格写道："自性不仅是中心，同时也是包含意识和**无意识**（unconscious）两者在内的整个范围；自性是这个整体的中心，正如**自我**（ego）是清醒的心智中心一样。"① 在生活中，自性要求受到承认、整合、实现；但对于如此庞大的总体，我们只能指望在有限的人类**意识**（conscious）范围内吸收小小的片段。因此，自我与自性之间的关系是

---

① *CW* 12，para. 444.

一个永无止境的过程。这个过程承载着膨胀的危险，除非**自我**（ego）能够灵活地设置个体及意识（相对于原型与无意识）界限。自我与自性之间终生的互动——涉及一个自我-自性持续互相指引的过程——是通过一个人独特的生命来表达的（参见 ego-Self axis **自我-自性轴**；individuation **自性化**）。

为免使自性显得全然良性无害，荣格强调应该将自性比喻成一个精魔、一种不具良知的决定性力量；伦理决策则留给人来决定（参见 morality **道德**）。因此荣格警告说，关系到自性的干预［例如以**梦**（dreams）的方式］，人必须尽可能地清楚察知他所下的决定以及他所做的事。然后，如果这个人能够对此做出积极的反应，他就不仅仅是顺从于**原型**（archetype），也不是随心所欲；又或者如果他转向回避，那么他也会意识到自己不仅可能毁坏亲身涉足的事物，还可能毁掉一个价值未定的机会。运用这种辨别的力量正是意识的功能。

根据荣格的概念，自性可以被定义为一种协和、相对化以及调解**两极**（opposites）张力的原型冲动。通过自性，人得以面对善与**恶**（evil）、人性与神性的反向极性（参见 shadow **阴影**）。这些两极的互动需要我们能够最大限度地自由应对生活中看似矛盾的各式需求；而其终极且唯一的仲裁者即是对**意义**（meaning）的发现。神职人员质疑人拥有无须经由圣职者的中介就可整合此类意象的能力，而神学家则对神意象中包含正负面双方的因素进行抨击。但荣格坚定不移地指出，基督教仅仅注重于"善"，使西方文明中人与其自身分裂且隔绝了。

自性的象征往往拥有超自然性（参见 numinosum **圣秘敬畏**）且传达出一种必要之感，承载着神意象的权威，使其在精神生活中超然优先。荣格认为，从心理上来考虑，炼金术士关于石的说法无疑正是描述了自性的原型（参见 alchemy **炼金术**）。他虽然声称在自性的精神表现中观察到了意图和目的，但对这一目的的终极来源却避而不谈（参见

religion 宗教）。

荣格对自性的理论研究已被延伸至发展的概念而加以应用。[①] 参见 development 发展。其假设为：自生命开端已存在一个初级或原始的自性，其中包含一个人与生俱来所有可能表达出的原型潜力。在合适的环境下，这些潜力从原本的无意识整体中浮现，开始进行一个消解过程，并向外在世界寻求对应。婴儿活跃的原型潜力与母亲相应的反应由此发生"交合"，然后重新整合成为一个内化的客体。这一抵消整合/重新整合的过程终生持续发生。

在婴儿期，消解所引起的兴奋程度需要漫长的睡眠周期来重新整合。消解中出现的自我碎片逐渐凝聚起来而形成了自我。初级自性据说有其自身的防御组织，在从婴儿看来缺乏环境防御的情况中运作得尤为明显。此类防御保护自性不但免受来自外部的攻击和迫害，还免受被体验为攻击的缺乏以及对内爆的恐惧；后者产生于因应期望未得到满足而不可控制的愤怒。

福特汉姆认为自性防御像自我防御一样可被视为是正常的。但如果自性防御持续存在或变得过度确定，就会发展出自感无所不能的趋势，导致夸张自负和生硬死板——导致自恋型人格障碍（参见 narcissism 自恋）；另外，又可能会导致自闭症。无论哪种情况，个体都因为他者本身感觉受迫害而切离了对关系的满足。

诺依曼[②]推进了荣格关于发展论点的第二种应用。诺依曼认为，母亲在无意识投射（projection）中背负着婴儿的自性意象，甚至作为婴儿的自性运作。由于婴儿期的孩子无法体验一个成年人自性的特点，母

---

① Fordham，1969，1976.
② Neumann，1973. 写于 1959 年至 1960 年。

亲反映了孩子的自我，或说充当了孩子的自我的"镜子"。自性首次的意识体验源于对母亲的感知以及与母亲的互动。延展诺依曼的论点，婴儿与母亲的逐渐分离可与自我从自性中出现相提并论，而婴儿对自己与母亲的关系所发展出的意象则形成了婴儿其后对自性以及**无意识**（unconscious）的总体态度（参见 Great Mother **大母神**；imago **意像**）。

显然分析心理学家们对此存有概念上的差异。部分学者倾向于将自性定义为有机体整合的原始状态。其他人则视自性为一条超上位统一原则的一个意象。双方都使用荣格经常提到的一个说法，即个体人格"来自"自性中所包含的原型潜力。诺依曼的研究代表了意象式的看法，福特汉姆的研究则提供了一个模式。[①]

self-regulatory function of the psyche　**心灵的自我调节功能**

参见 compensation **补偿**。

senex　**老者**

一个原型的而非发展的概念。[②] 拉丁语义为"老人"，但不能与"智慧老人"相混淆（参见 mana personalities **玛那人格**）。在分析心理学

---

① 《荣格全集》第九卷下篇专门描写了自性的现象。对福特汉姆和诺依曼所持意见的比较，可参见 Samuels, 1985。

② Hillman, 1979。

中用以指某些通常被归结于老年人的心理特征的拟人化，不过即使婴儿也可能会显示这些特征——平衡、对他人宽容大度、智慧、有远见。参见 archetype 原型；development 发展；infancy and childhood 婴儿期与童年。

老者常作为永恒少年（*puer aeternus*）的对立面被提及。少年的病理特征可被描述为极度大胆、过分乐观、惯于突发奇想和理想主义，以及过度精神化。老者的病理特征则是过度保守、专制、过于脚踏实地、忧郁，以及缺乏想象力。

参见 opposites 两极。

sex 性

男人和女人先天的生物学特性，构成男女之间的差异。荣格有将性与性别混淆的倾向。他并不赞同弗洛伊德对基础的、与生俱来的双性恋的想法。不过荣格也承认，真正的异性恋需要时间来发展形成，而非在婴儿身上就以其成人形态存在（参见 homosexuality 同性恋；infancy and childhood 婴儿期与童年）。

荣格的研究重点在于他视为天生的性别差异，而不是性欲本身，从而区别于弗洛伊德的研究；而且与弗洛伊德决裂后，荣格对此无疑有更进一步的关注。他强烈反对将个人发展的可能性缩减至任何一条总体原则（如性欲），并提出整体性的概念与其对立；整体性（wholeness）的概念正与他视为精神生活之目标与结尾的自性化（individuation）一致（参见 archetype 原型；body 身体；psychoanalysis 精神分析；teleological point of view 目的论观点）。

shadow　阴影

荣格于 1945 年给出了阴影最直接、最明确的定义："一个人不希望成为的东西。"① 这个简单的定义归结了以下对阴影多方面的反复提及——作为人格的负面，一个人想要隐藏的所有令人不快的特质之总和，人类本性中低劣、原始、毫无价值的一面，一个人内心的"另一人"，以及其自身的阴暗面。荣格对人类生活中存在**恶**（evil）的现实十分清楚。

荣格一再强调：所有人都有阴影；一切有实质之重要性的事物都会投下阴影；**自我**（ego）相对于阴影正如光与影，正是阴影使我们生而为人。

　　每个人都有自己的阴影，这个阴影在个体的意识生活中体现得越少，就越是黑暗厚重。如果一个人意识到了劣势，就总能有机会改正；此外，这种劣势也会持续地接触其他关注点，不断得到变更。但如果它受压抑并隔绝于**意识**（consciousness），就永远不能得到纠正，而容易在某个时刻不知不觉地突然爆发出来。从任何一个方面来看，这样的劣势都形成一种无意识的障碍，使我们最善意的意图不得实现。②

荣格认为，弗洛伊德唤起了现代人对人类心灵中光明面与黑暗面分歧的重视。不带任何宗教目的、从科学角度来探讨这个问题，他认为弗洛伊德发现了西方基督教与科学时代的开明乐观主义所试图遮掩的、人性中的黑暗深渊。荣格指弗洛伊德的方法为对阴影最详细且深刻的成功分析。

---

① *CW* 16，para. 470.
② *CW* 11，para. 131.

　　荣格认为弗洛伊德应对阴影的做法是有所限制，并表示自己的应对方式与其相异。荣格认识到阴影是人格中活着的一部分，并且人格会以某种形式"想要容忍"阴影，与之共存；他指出阴影首先是个人**无意识**（unconscious）的内容。一个人要应对这些内容，就要正视并接受**本能**（instinct）以及本能的表现如何一直受到**集体**（collective）的控制（参见 adaptation **适应**）。此外，个人无意识的内容与集体无意识的原型内容不可分割地混合在一起，而后者又包含其本身的阴暗面（参见 archetype **原型**；opposites **两极**）。换句话说，要根除阴影是不可能的；因此对于在**分析**（analysis）中面对阴影的过程，分析心理学家最常用的说法是"正视并接受阴影"。

　　鉴于阴影是一个原型，它的内容十分强大，特点为**情感**（affect）充沛、强迫般的执著、富有占有欲、自主——总之，能够惊到且压倒并然有序的自我。就像所有能够进入意识的内容那样，阴影的内容最初出现在**投射**（projection）以及意识受威胁或有疑问的情况下；阴影显现为一个对邻近者正面或是负面的投射，强大且非理性。荣格于此找到了一个令人信服的解释，不仅能够解释个人的反感，也能够解释我们这个时代的残酷迫害与偏见。

　　就阴影而言，**心理治疗**（psychotherapy）的目的是发展出认识的能力，能够察觉那些对一个人的个体生活最容易产生阴影投射的**意象**（images）和情况。承认阴影（分析阴影）就是打破其强迫性的控制（参见 individuation **自性化**；integration **整合**；possession **占据**）。

sign　征兆

　　参见 symbol **象征**。

society　社会

荣格视**集体**（collective）为人类精神潜力的资料库；相比之下，荣格对社会一词的使用暗示文明影响的存在，表明社会是个体独自一人与人类作为一个整体互动的结果，是**意识**（consciousness）所带来的发展。他指出，集体**心灵**（psyche）与个人心灵的关系正如社会与个人的关系。

参见 adaptation **适应**；culture **文化**。

soul　灵魂

在荣格较早出版的著作中[①]，他在心灵的条目下这样写道："参见'灵魂'。"总的来说，荣格在讨论所有精神过程和**分析**（analysis）的总体时，更多使用的不是灵魂一词，而是**心灵**（psyche）。但我们也可以梳理出一些"灵魂"的具体用法：

（1）由荣格（以及分析心理学家）用于指代心灵，尤其用于相对于任何其中可辨识的模式、顺序或意义，更希望强调心灵的深度运动、其数量及类型的多样化以及不可穿透性的情况（参见 Self **自性**）。在指数量多样化时，荣格描述了提及"多重灵魂"的文化。

（2）在希望提及人类的非物质方面时，用于指代**精神**（spirit）；这

---

① *CW* 6，1921.

些非物质方面包括人类的核心、中心、中枢。①

（3）由一些后荣格分析心理学家用于表明对世界的一种特定观点；这种观点专注于深度意象以及心灵将事件转换为体验的方式——"塑造灵魂"。②

spirit　精神

荣格将"精神"一词用于一个活着的人非物质的方面（如思想、意图、理想），以及一种脱离了人体的无形存在（鬼、影子、先祖的灵魂）。他对这两方面均多有著述，对后者的兴趣包括了早期的一些心灵研究。在这两种情况中，精神都被设想为物质的对立面（参见 opposites **两极**）。这就解释了比如说**幻想**（fantasy）难以捉摸且转瞬即逝的特质，以及幽灵的透明。

作为人的非实体方面，精神既不能被描述，也不能被定义。它是无限、无度、无形、无象的。精神自然而然地存在，不服从于我们人类的预期，也不受意志的需求辖制。精神是超世俗或说是非世俗的，它不请自来，而且通常会得到正面或负面的**情感**（affect）反应。

然而，荣格又进一步将精神与目的这种联结并影响不同的事件和尝试的直觉力量联系起来（参见 synchronicity **共时性**）。他想知道是否有精神的法律。荣格感觉到《易经》中包含"精神智慧"，又确定这种智慧与人类生活的紧密相关已在中国经过了数千年的充分证明，由此便激

---

① Samuels，1985a，pp. 244 – 245.

② Hillman，1975.

发了他对《易经》长时间的兴趣与学习。因此他相信精神，却不受宗教信条的约束（参见 God-image **神意象**）。不过，荣格的**自性**（Self）概念十分接近于表达了一个精神的通用**原型**（archetype），并且他也承认精神目标必须体现方能实现。因此，精神与物质的两极是相互依赖的。

虽然荣格的研究可作为一种对精神信仰之证据的心理学探索来看待，但他在这个主题上最下功夫的论述还要数《精神信仰的心理基础》①一文。这篇文章是基于对无形体之存在——鬼、先祖之魂灵等——的出现和信仰的实证观察。总之，荣格在人对精神之信仰的心理基础方面的研究，强调的是人与精神之间有意识关系的必要性。

荣格表示，精神的现象是精神世界的现实验证。对于一个非实体的领域，最重要的证据之一就是**梦**（dreams）和**幻景**（visions）的存在，无论报告是来自所谓的原始人还是当代的西方人。荣格并未致力于解决精神就其本身而言是否存在的问题，他承认这是一个形而上学的疑问。荣格的兴趣在于人们如何看待并应对精神的出现，而这是一个心理学问题。

对灵魂的信仰不一定与对精神的信仰相互关联。**灵魂**（soul）普遍被认为处于某个个体身上；而精神则被认为处于个体身外，与**自我**（ego）隔绝。他观察到精神出现的时机在于当一个人失去自身的适应力，或者精神的出现使他失去适应力的时候。精神的干扰效果是它们最常令人忧虑畏惧的一面。荣格因此论断，精神要么是病理性的幻想，要么是目前未知且具挑战性的新念头。他总结道："因为精神与自我没有联系，从心理学的角度看，精神就是表现为**投射**（projection）的**无意识**（unconscious）自动**情结**（complex）。"② 再者，精神也可以是属于

---

① *CW* 8，1948.

② *CW* 9i，para. 285.

集体（collective）之情结的表现；集体情结会改变或替换整个民族的态度，使一种新态度得以实现。所谓精神的干预似乎都要求**意识**（consciousness）的加强。

这就表明了为何精神在心理上表现得比自我更为优越且强大，为何精神也许被构思为一个念头、信念或预感，但更常体现为一个人有清晰的洞察力，是某个先知或具远见者（参见 mana personality **玛那人格**；hero **英雄**）。我们会听到有人将精神称为"过去的精神"，即属于我们逝去的祖先；或称为体现于个体的精神，即一个精神高涨、意气风发的人；又或是一个在不同的层面抓住整个民族精神的想法，或代表一个时代的精神："国外世界中的邪恶精神"。精神的吸引力和排斥力、其超自然力量以及精神干预的有效性，取决于精神象征着什么。

精神的出现象征着物质和非物质世界之间的张力加剧；它们是看似想要以某种形式被赋予生命的边缘或临界现象。

参见 transcendent function **超越性功能**。

stages of life　**人生阶段**

荣格被公认为是毕生心理学（有时称为成年发展）领域的先行者。[①] 在写于 1931 年的文章《人生的阶段》[②] 中，荣格重点叙述了被他视为发生在中年的心理转变。他将这种转变描述为一种"危机"或问题时期，并以个案材料来说明未能预测及适应人生后半段需求的后果。雅

---

① Levinson，1978.

② *CW* 8.

可比继荣格之后提出了**自性化**（individuation）过程中对应于人生前半段及后半段的两个阶段。[①] 斯丹则对中年过渡期有所关注。[②]

　　理想情况下，人生前半段的心理成就包括与母亲分离、实现一个强大的**自我**（ego）、放弃**婴儿期与童年**（infancy and childhood）的地位，并获得一个成年人的身份。取得上述成果通常表明一个人得到了社会地位，建立了关系或**婚姻**（marriage）、为人父母以及成功就业。到人生后半段，重点就从人际或外部维度转移到与心灵内在过程的意识关系上。对自我的依赖必须替换为与**自性**（Self）的关系，对外部成功的竭力获取则必须变更为包括对**意义**（meaning）和精神价值的关注。荣格认为，人生后半段的重心应放在对目的感的**意识**（consciousness）上。在人生后半段，死亡的接近成为现实。其中最终包含一定程度的自我接纳、一种自然而然的丰富或成熟，以及一份恰合一个人潜能而圆满活过人生的感觉（参见 individuation **自性化**）。

　　从心灵结构的角度来看，这可以表现为将**阿尼玛与阿尼姆斯**（anima and animus）的功能以及劣势功能的整合带入意识（参见 psyche **心灵**；typology **类型学**）。

　　虽然荣格的描述大致准确是毋庸置疑的，但其架构仍有一些问题：（a）为什么在一个除此情况外并非基于**精神病理学**（psychopathology）的心理学中，中年过渡期会被视为如此具有创伤性而危机重重呢？当兰克提出"出生创伤"时，荣格反驳的理由是任何普遍的事物都不可能被视为创伤。荣格可能是从他自己近四十岁时与弗洛伊德决裂后崩溃的亲身经历出发，产生了过于游离的推论（参见 pathology **病理学**；psychoanalysis **精神分析**）。（b）实现人生前半段目标的代价总是"人格的缩

---

① Jacobi，1965.
② M. Stein，1985.

减"，这是值得怀疑的。① 同样，自然的东西怎么会是破坏性的呢？无论如何，社会成就虽然可能但也并不总是单方面发展的产物（参见 neurosis **神经症**）。（c）荣格对**两极**（opposites）理论的坚持，令这样的分割稍显肤浅僵化。

suggestion　暗示

在对莫尔（Albert Moll）一本著作的评论中，荣格引用了作者对暗示的定义："在不充足的情况下，通过唤起将会获得某种效果的念头而得到效果的一个过程。"② 这基本上是荣格自己在关于催眠、超心理现象、**精神病**（psychosis）、**分析**（analysis）以及**心理治疗**（psychotherapy）方面论及暗示时所使用的定义。

他强烈告诫心理治疗师不要使用暗示，并指出暗示对治疗关系的显著影响：将患者保持在一个弱势和从属的位置。**无意识**（unconscious）暗示是无法避免的，但**分析师与患者**（analyst and patient）都有责任一直对在分析中所发生的尽可能地保持意识。

不过在荣格看来，暗示疗法并不仅限于咨询或提供意见，而是延展到所有的治疗方法——无论是简单地使用诊断术语，从而未曾揭露无意识的原因的方法，还是那些积极尝试调解或干扰无意识过程的做法。他认为，这些都是教育意义上而不是心理上的尝试。此外，暗示的方法都反对对个体性开诚布公，因为使用暗示方法的前提为其最终产物是可预测、可实现的，而不是自发而独特的（参见 individuation **自性化**）。至

---

① *CW* 8，para. 787.

② *CW* 18，para. 893.

于**梦**（dreams）的**解释**（interpretation），荣格称：如果力图避免暗示，就要将每一种解释都视为无效，直至找到赢得患者本人同意的准则为止。

super-ego 超我

荣格很少使用这个词，通常只是用在对弗洛伊德看法的讨论中。这是因为荣格强调**道德**（morality）是与生俱来的本性；照他的**隐喻**（metaphor）来说，道德的渠道是预先存在的，以便适应心灵**能量**（energy）的流动；因此不太需要假设与良知有关的学习过程。

当荣格确实谈及超我时，他将其等同于通过**文化**（culture）和传统来支撑的**集体**（collective）道德。在这种集体道德的背景下，一个人必须摸索出自己的价值观和道德观系统（参见 individuation **自性化**）。

在**精神分析**（psychoanalysis）领域，克莱因学派对早期**客体关系**（object relations）的看法中即包括了认可超我固有的能力。当代分析心理学家[1]研究了早期超我苛刻的原型（即强大、原始、极端）性质，并强调父母内摄是如何修正而非加剧这种性质的（参见 archetype **原型**）。

参见 religion **宗教**。

---

① 例如 Newton，1975。

superior function　优势功能

参见 typology 类型学。

symbol　象征

荣格与弗洛伊德理论上的决裂，部分源于何为"象征"的问题；其中包括象征的概念、意图或目的及其内容。

对两人的观念差异，荣格的解释如下：

> 那些给我们提供无意识背景线索的意识内容，被弗洛伊德误称为象征。但它们并不是真正的象征，因为根据他的理论，它们仅仅在潜在过程中扮演征兆或症状的角色。真正的象征从根本上与此不同，且应被理解为一个还不能以任何其他或更好的方式来确切阐述的直觉念头。①

此前荣格曾就象征的定义这样写道："一个象征的前提总是如此：其所选择的表达方式将尽可能最好地说明或阐述一个相对未知但假定为或已知其存在的事实。"②

另外，荣格还曾在没有具体提到弗洛伊德的情况下，对象征的微妙性与挑战性表示欣赏；象征对于荣格来说远远不只是性压抑或任何其他明确内容的表达。谈及明显具有象征性的艺术作品时，他说：

---

① *CW* 15，para. 105.
② *CW* 6，para. 814.

　　它们满怀寓意、意味深长的语言呼唤着我们，它们要表达的超
过它们所明示的。我们可以马上确认象征，尽管我们可能无法完全
满意地阐明它对我们的意义。象征永远是对我们的念头和感受的挑
战。这也许解释了为什么象征性的工作如此令人兴奋、为什么它会
如此强烈地攫住我们，还有为什么它很少为我们提供纯粹的审美
享受。①

　　荣格与弗洛伊德的决裂并未终结象征这一主题在概念上的艰难挣
扎；对此的争论在**分析心理学**（analytical psychology）内部仍在继续。
分析心理学作为一个整体，在象征的概念化、目的和内容方面都展示了
范围广阔的理论认识和实践。然而，即使当一个人最接近字面意义地去
解释一个普遍的意象，又或是倾向于将其象征视为明显具有性意味时，
还是有可能发现与荣格定义一致方面的广度与多样性——只要象征不与
其内容相混淆，并可由此假设具有理性、说明及寓言的功能，而非起到
心理调解以及过渡的作用。

　　至于象征的终极意图，荣格认为这等于有一个虽然以一定的方式运
作，却很难以语言描述的目标。象征靠类比表达自己。象征过程是一种
包含意象以及关于意象的体验；其发展与**物极必反**（enantiodromia）的
规律一致（即符合一个给定的位置最终会往其相反方向移动的原则，参
见 opposites **两极**），并提供了**补偿**（compensation）起作用的证据［即
意识（consciousness）的态度是由**无意识**（unconsciousness）内部的运
动平衡的］。"从无意识的活动中，现在出现了新的内容——它通过对等
的论点与反论点而聚集，并处于对两者都是补偿关系的位置；因此它形
成了让两极可以统一的中间地带。"② 象征的过程开始于被卡住、"空
悬"、在追求自己目标时受到强行阻挠的感觉，而其结果则是照明清晰、

---

① 　*CW* 15，para. 119.
② 　*CW* 6，para. 825.

"看透"，能够改变航向继续前进。

两极统一者必有双方的参与，且很容易就可以从任何一方来判断。但如果我们接受其中一个位置，就仅仅是再度肯定了对立面。象征本身可以在此提供帮助，因为它虽然不符合逻辑，却总结概括了心理状况。象征的本质是自相矛盾的，它代表了逻辑上不存在，却提供了一个可以合成对立元素视角的第三种因素或位置。当面对这个视角时，**自我**（ego）就被解放而得以进行**反思**（reflection）和选择。

因此，象征本身既不是一个替代的观点，也不是一种补偿。它吸引我们去注意另一个位置；如果适当地理解这个位置，还能对已存在的人格有所增补并解决冲突（参见 transcendent function **超越性功能**）。因此，虽然无疑是有总体性的象征，它们却属于不同的规则。所有的象征也许都可勉强算是总体性的象征（参见 Self **自性**）。

象征是有魅力的图形陈述（参见 numinosum **圣秘敬畏**；visions **幻景**）。它们是心灵现实模糊的、隐喻性的、神秘的写照。其内容——象征的意义——远非明显；相反，它以独特而个别的方式表达，同时参与到一种普遍的意象中。对象征进行工作（即对它们进行反思与关联），可认清它们是控制、理顺我们的生活并赋予生活**意义**（meaning）的那些**意象**（images）的各个方面。因此，象征的来源可以追溯到原型本身，而原型则通过象征的方式寻到更充分的体现（参见 archetype **原型**）。

象征是无意识回应意识疑问的发明物。因此，分析心理学家常常提及"统一的象征"——或说是那些纠集不同心灵要素的象征，"活着的象征"——或说是那些与一个人的意识境况相互交织的象征，以及"总体性的象征"——从属于及依附于自性之实现的象征（参见 mandala **曼荼罗**）。象征不是寓言式的，因为寓言式的象征会涉及已然熟悉的事物；

但它们表现了**灵魂**（soul）中某些极具生机甚至可被称为"萌动"的东西。

虽然出现在单次分析中的象征性内容通常被假定为类似于其他分析中的象征性内容，但事实并非如此。有规律的、反复出现的心灵模式可以用形形色色、多种多样的意象和象征来表示。除了此类临床应用，象征还可以从历史、文化或非具体的心理背景来进行充分的解释。

参见 alchemy **炼金术**；amplification **扩充**；fairy tale **童话**；interpretation **解释**；myth **神话**。

synchronicity　共时性

表明事件并非永远服从时间、空间及因果规律的反复体验，使荣格开始搜寻这些规律以外可能存在的东西。他发展了共时性这一概念，其定义有以下几个方面：（a）作为一种"非因果联系的原则"；（b）用以指相互具有意义，但不存在因果关系（即时间与空间上并不一致）的事件；（c）作为在时间与空间相吻合，但也可看出有意义的心理联系的事件；（d）作为心灵与物质世界的联系（在荣格关于共时性的著述中，通常但并不总是指无机的物质世界）。

荣格试图通过检视生辰星座与配偶选择之间可能的对应关系来表现共时性原则。他的结论是：这一模式既没有统计方面的联系，也不是出于偶然；所以他在 1952 年提出了共时性作为第三个选项。[①] 参见 reduc-

---

①　*CW* 8.

tive and synthetic methods 还原与合成方法；unconscious 无意识。

上述实验备受诟病。实验样本乃是基于一组严肃看待占星术的参与者，因此并非随机抽样。实验的统计数据受到挑战；而且最重要的是，无论如何，占星术都不被视为是无因果的。不过，这个实验清楚表明了荣格尝试跨越偶然/因果的二元论。人们认为其联系是偶然或巧合的现象，可能其实是通过共时性产生联系的。

荣格有时会将共时性应用到如心灵感应等一系列广泛的现象上；如果把它们看作心理或超心理现象，可能会更为准确。然而，大多数人曾经体验过有意义的巧合，或曾在自己的私事中察知某种具有目的的趋势；荣格的共时性假说正是在这种类型的体验上与个人层面直接相关的。

他提出当意识水平低落时，共时性的现象可能更为明显（参见 *abaissement du niveau mental* 心智水平降低）。此时所发生的事情，就可能将注意力集中到因为是无意识而可能尚未被触碰的问题之处，从而在分析中具有治疗价值。留意共时性能够保护分析师，使之既不至于感觉一切都是出于命运，也不至于退回到"只会揭破患者的体验，而非让体验走向改变"的纯粹因果解释。[①] 当两种现实（即"内部"与"外部"）交汇时，共时性的体验就会产生。

共时性应当与**心灵现实**（psychic reality）、**类心灵无意识**（psychoid unconscious）、**一元宇宙**（*unus mundus*）相比较对照。

---

① Williams，1963b.

synthetic method   合成方法

参见 reductive and synthetic methods **还原与合成方法**。

syzygy   阴阳并存

任何一对**两极**（opposites）——无论作为结合还是作为对立的一对被提及时，都可应用的一个术语。荣格最常使用这个词谈及**阿尼玛与阿尼姆斯**（anima and animus）的联结。他写道，联结在心理上是由三个要素决定的："属于男人的女性气质与属于女人的男性气质；男人对女人曾经的体验及女人对男人曾经的体验（此处童年早期的事件最为重要）；男性化和女性化的原型意象。"[①] 参见 imago **意像**。

荣格指出，男与女阴阳并存之配对的意象就如男人和女人的存在一样普遍，如神话中重复出现的男女配对母题，以及中国哲学中称为阳与阴的成对概念均可为证。在早期炼金术的插图里，男性和女性象征性地结合在一起，表明作为过程的一部分，必须分化两者，然后将它们重新结合为阴阳同体的一对（参见 alchemy **炼金术**；*coniunctio* **精合**）。不过这并非暗示了双性恋，而是表示了对立元素互补的运作（参见 androgyne **阴阳同体**；hermaphrodite **雌雄同体**；sex **性**）。

---

① *CW* 9ii，para. 41n. 5.

T

teleological point of view　目的论观点

以结果或目的，而不是以原因来定向的观点；荣格对**无意识**（unconscious）、**神经症**（neurosis）以及尤其是**自性化**（individuation）的观察均具有此特性。这种观点将荣格的方法和结论与精神分析区分开来，但引发了对他采取准宗教立场的批评。

这个问题引起了热烈的讨论。受训于传统医学与科学者对荣格有所疑虑。同时，部分神学家认为荣格可以作为盟友，其他人却对他的心理主义，尤其是他的术语用词多有指责。在与荣格来往的神学家中，维克多·怀特神父与荣格的对话持续得最为长久。①

亚菲指出，荣格所说的"并不是**我**（I）创造了自己，而是我碰巧遇上了自己"② 将**自性**（Self）设想为一个先验的存在。无论已知或未知，这都是我们的生命背后所隐藏的运作者。人即使在自由中也无法逃脱被自性所注定，但认识到自性的印记，也就有了体验**意义**（meaning）的可能性。③ 荣格认为，基督的化身象征着他作为一个心理学家所称的"自性化过程"的完满。基督的形象完全实现了自己的潜力，并成就了自己的命运。

---

① White，1952.
② *CW* 11，para. 391.
③ Jaffé，1971.

在当代分析心理学家中，埃丁格对目的论观点最为重视[1]；他认为这种观点与基督教的立场一致。

参见 aetiology（of neurosis）**（神经症的）病因**；reductive and synthetic methods **还原与合成方法**；religion **宗教**。

temenos　神圣空间

早期希腊人用以定义神圣区域（即寺庙）的一个词；身处这种神圣区域可以感受到神的存在。

荣格使用这个词时并未对原意有任何补充，只是在心理意义上加以应用。他在准隐喻的意义上运用这个词来描述在一个**情结**（complex）周围充满心灵能量的区域，**自我**（ego）防御森严而**意识**（consciousness）无法接近；一个分析区域（即移情的区间），**分析师与患者**（analyst and patient）都会觉得置身其中即是面临一股具有压倒性潜力的**无意识**（unconscious）以及守护灵般的力量存在；心灵中对自我最为陌生，且其特征为**自性**（Self）或**神意象**（God-image）的超自然性的区域（参见（numinosum **圣秘敬畏**）；在**分析**（analysis）中由分析师与患者塑造的心理容器，由双方对无意识过程的尊重、保密性、对象征性**表现**（enactment）的承诺、对彼此伦理判断的信任来加以区分（参见 ethics **伦理**；morality **道德**）。

神圣空间的同义词之一是"密封容器"。这是一个炼金术术语，用于指两极在其中转化的密闭容器（参见 alchemy **炼金术**）。因为有神圣

---

[1]　例如 Edinger，1972。

而不可预知的密封元素存在，并不能保证过程会是积极的。以此类推，心理的神圣空间也可能通过子宫或监狱来体验。心理的神圣空间中不稳定而不可预测之因素的存在，使得荣格评论道：由于面对面的分析容器，**心理治疗**（psychotherapy）的成功是"神赐的"（*Deo concedente*，一个炼金术用词，意为"经神的同意"）。

theory　理论

荣格许多关于理论的陈述看似都是负面的。例如："心理学中的理论正是烦恼本身。"或是："科学理论……从心理真相的观点来看，其价值比从宗教教条的观点出发要小。"但是总的来说，荣格的重点主要是对理论的整合。分析师不应基于自己不熟悉的或者未经亲身体验性接触的思想基础来执业，也不应把患者看作符合或不符合理论。事实上，可以说每位患者都会让分析师需要修正自己预先存在的理论（参见 analyst and patient **分析师与患者**）。

荣格还煞费苦心地强调其方法的实证性质。他认为，自己的假设源于对真实人类的观察；经过对比和扩充的大量数据起到了说明这些假设的作用（参见 amplification **扩充**；empiricism **经验主义**）。至于科学方法论，荣格或许会认为他只是参与了理论的演变，而非应用。他注重的几乎从来不是预测，而更多地在于确切阐明所观察和讨论的是什么。

从传统的角度来看，**深度心理学**（depth psychology）既非可证明，也非无法证明，因此是不能拥有科学理论的地位的。但这一观点可能正在发生变化。尤其是在积累支持或反对的确凿证据之前发展假设的方法，可能与收集数据后才检验出模式的方法同样有效。假若如此，那么荣格坦承其理论来自自己的思维过程就不应受到指责，因为极少甚或没有研究者是头脑空空地开始研究的。荣格对其实证主义的再三主张和持续辩护，可能也不再像曾经的那样必要了。

偶然而无意的发现总会发生。荣格认为，这样的发现有时是基于原型结构的激活。①

transcendent function　超越性功能

调解**两极**（opposites）的功能。它通过**象征**（symbol）的方式来表达自身，促进从一种心理态度或状态转变到另一种。

超越性功能代表真实与想象或是理性数据与非理性数据之间的联系，从而弥合**意识**（consciousness）与**无意识**（unconscious）之间的鸿沟。荣格写道："这是一个自然的过程，一种来自两极张力的能量的体现，以自发出现在**梦**（dreams）和**幻景**（visions）中的一系列幻想为主。"②

站在与双方都有补偿关系的立场，超越性功能使论点与反论点得以在同等条件下面对彼此。能够统一双方的是一种隐喻的陈述（象征），其本身超越了时间和冲突，既不坚守也不参与任何一方，但能以某种方式为双方所共有，并提供新合成的可能性（参见 metaphor 隐喻）。超越这个词，表达了一种超出破坏性倾向，即向一边或另一边拉（或被拉）的能力的存在。

---

① 对一位科学家对此现象的记述，可参照 Pauli, 1955。
② *CW* 7，para. 121.

荣格认为，超越性功能是心理过程中最显著的因素。他坚持超越性功能的介入是由于两极之间的冲突，但并未谈到为何会这样，而专注于"为了什么"的问题。他发现，这个问题可以以心理学而不是形而上学或宗教的方式来回答。这意味着不应将特定象征的出现视为上天降下的审判，或是值得沾沾自喜之物，而是要就其独特的重要性来进行分析。

不过，从**目的论观点**（teleological point of view）来看，荣格大力主张超越性功能没有目标或目的就无法继续。超越性功能至少能使一个人摆脱毫无意义的冲突并避免片面性（参见 individuation **自性化**；meaning **意义**），对激发良心的作用也是显著的（参见 morality **道德**）。超越性功能提供了纯粹个人观点以外的视角，并且通过常常仿佛是从更客观的立场出发主张一个可能的解决方案来令人惊喜。

作为精神科医生，荣格在精神分裂症初始阶段观察到了同一过程的某种变化。他在《荣格全集》第十四卷里解释了适用于激活超越性功能的过渡期的炼金术象征。经过早期的理论化之后，他发现超越性功能也是高等数学中使用的一个术语（译为超越函数），即实数与虚数的函数。

transference　移情

参见 alchemy **炼金术**；analyst and patient **分析师与患者**；compensation **补偿**；*coniunctio* **精合**；hermaphrodite **雌雄同体**；mana personalities **玛那人格**；opposites **两极**。

transformation　转化

为了将一种至今无法识别的心理需要带入**意识**（consciousness）并加以满足从而涉及**退行**（regression）和暂时性"失去自我"的心灵转变；结果使个体变得更加完整。转化不等同于成就，而是一个持续的过程；荣格警告说，为免将活生生的事物定为静态，连转化的阶段也不应硬性命名。转化是**心理治疗**（psychotherapy）的目标以及压抑的心理对立面。在**分析**（analysis）中，转化包含对**阴影**（shadow）的各个方面的仔细审视。

转化的象征在原始的**初始化**（initiation）仪式、**炼金术**（alchemy）和宗教**仪式**（ritual）等旨在避免过渡时期发生心灵伤害的仪式中有所反映（参见 primitives **原始人**；symbol **象征**）。所有涉及超然及神秘体验的转化都包含象征性的死亡与**重生**（rebirth）。虽有相对夸张地谈论到完全更新的倾向，但情况并非如此；只是有一个相对的变化，使人与**心灵**（psyche）的连续性都得以保留。荣格指出，若非如此，转化就会带来人格的分裂、失忆症或其他精神病理状态。

负面的转化也是可能的（参见 loss of soul **灵魂丧失**；psychosis **精神病**）。但荣格相信我们很自然会去寻求获得所需；因此，他指出寻求**整体性**（wholeness）或转化的**本能**（instinct）是一个涉及**自我**（ego）与**自性**（Self）之间的持续对话的自然过程（参见 ego-Self axis **自我-自性轴**）。他也将这个过程称为**自性化**（individuation）。

转化的主题在荣格的著作中贯穿始终。荣格对一个案例中转化象征之分析的出版，标志着他与弗洛伊德的决裂。① 他的炼金术研究是对此

---

①　*CW* 5.

基本心灵过程的扩充。① 其《弥撒中的转化象征》② 一文探讨了转化的仪式与奥秘。

参见 mana personalities 玛那人格。

trauma　创伤

参见 psychoanalysis 精神分析；reductive and synthetic methods 还原与合成方法。

Trickster　愚者

当荣格初次遇到愚者的**意象**（image）时，他想起了狂欢节的传统及其对阶级顺序的惊人逆转，以及魔鬼作为"神之模仿者"出现的中世纪宗教仪式。他发现，愚者与炼金术中的形象墨丘利有十分显著的相似之处；墨丘利喜爱狡诈的玩笑和恶意的恶作剧，有改变形态的力量和双重性（半为动物半为神）以及坚持不懈地使自己受贫困和折磨之苦的冲动，而且还近似于一个救主之形象。愚者是一个完全负面的**英雄**（hero），但仍能设法通过其愚蠢来成就他人专心致志尝试却失败之处。

然而正如荣格所发现的，愚者既是一个神话人物，又是一种内在的心理体验（参见 myth 神话）。尽管其外表不起眼，但无论出现在何时

① *CW* 12, 13, 14.
② *CW* 11.

何地，他都带来了从无意义转向有意义的可能性。因此，他象征着**物极必反**（enantiodromia）的倾向。并且，虽然他可能是笨拙的、**无意识**（unconscious）的造物，其行动却不可避免地反映了与**意识**（consciousness）的补偿关系（参见 compensation **补偿**）。荣格写道："他最清晰的表现形式是对完全未经分化的人类意识的一种忠实反映，与几乎未曾离开动物之级别的**心灵**（psyche）相对应。"① 因为不再只依赖于本能，甚至对于野兽来说，愚者都可能被视为是劣等的；然而，尽管他如此热切地渴望学习，但他尚未达到人类意识的完全水准。愚者最可怕的一面可能不仅关乎其无意识，也与其无关联性有联系。

在心理意义上，荣格将愚者等同于**阴影**（shadow）。"愚者是一个**集体**（collective）的阴影形象，是所有个体身上低劣特性之总和。"② 可是，愚者的出现并不只是原始祖先遗留痕迹的证据。就如在《李尔王》中，他的出现要归功于实际情况中所存在的某种动态。当李尔王因为自己傲慢无知的意识所犯下的错误而疯狂地四处彷徨时，他的同伴是"更聪明的"愚者。

尽管如此，愚者意象的活跃意味着已发生了灾祸，或已创造了一种危险的情况。当愚者出现在**梦**（dreams）、**绘画**（paintings）、共时性事件、口误、幻想投射以及各种个人意外中时，一股补偿性的能量（参见synchronicity **共时性**）就会释放。但识别这一形象仅仅是**整合**（integration）它的第一步。**象征**（symbol）的出现，将注意力引到原本破坏性的无意识状态，但仍未能克服这个形象。并且由于个人的阴影是人格中一个持久的组成部分，它也永远不能被消除。集体的愚者形象不断重建自身，显现了所有将会成为救主之意象的激励力量与超自然性（参见 mana personalities **玛那人格**；numinosum **圣秘敬畏**）。

---

① *CW* 9i，para. 465.
② *CW* 9i，para. 484.

荣格是通过班德利尔（Adolph Bandelier）的《快乐制造者》（*The Delight Makers*）一书首次接触到愚者的形象的。他为雷丁的《愚者：美洲印第安神话研究》[①] 德文版撰写了题为《论愚者形象的心理》（On the Psychology of the Trickster-Figure）的评论。在当代**分析心理学**（analytical psychology）中，一般认为威尔福特的著述[②]是这方面的权威之作。

typology　类型学

荣格对说明**意识**（consciousness）在实践中如何运作以及解释意识如何在不同的人身上以不同的方式运作很感兴趣。[③] 他制定了一套心理类型的综合理论，希望能辨别意识的组成部分。这套理论初次发表于 1921 年。[④]

有些个体较为容易因内在世界而兴奋或活跃，另一些则更易受外在世界所激起；他们分别是内倾者和外倾者。但是除了这些对世界的基本态度，意识还有一定的属性或功能。荣格将这些功能确定为以下四项：思维——意思是知道一件事物是什么，为其命名，并将之与其他事物相联系；情感——这对于荣格不仅仅意味着感受或情绪，还有对某件事物之价值的考量，或是对某件事物有某种观点或看法；感觉——代表了所有感官所能接收到的事实，告诉我们某件事物存在，但并不能说明它是什么；直觉——荣格用以指没有意识上的证据或知识，就能感到某些事

---

① Radin，1956.

② Willeford，1969.

③ Jung，1963，p. 233.

④ *CW* 6.

物正在往何处发展、可能性为何。经过进一步的细化后，这四种功能分成两对——理性配对（思维和情感）和非理性配对（感觉和直觉）。荣格如此分类意义为何，尤其是对"情感"一词的使用，是一个棘手的问题（参见 affect **情感**）。

现在我们能够描述一个人的整体意识风格和他对内在及外在世界的取向了。荣格的模式是经过精心平衡的。每个人都会以四种功能之一为其主要（或优势）运作模式。优势功能来自理性或非理性的功能配对。当然人不会只依赖这种优势功能，也会利用第二种，或称辅助功能。根据荣格的观察，取决于优势功能出于理性还是非理性配对，这一辅助功能将来自与之相反的另一对功能。因此，如果说一个人以情感（来自理性配对）为优势功能，其辅助功能就会是感觉或直觉（来自非理性配对）。

使用两种态度，加上优势和辅助功能，可以产生一份包含十六种基本类型的列表。荣格有时在一张十字图上示范这四种功能。**自我**（ego）所拥有的可支配的能量，可以指向四种功能中任何一种；当然外倾-内倾的可能性也提供了另一个维度（参见 energy **能量**）。荣格感到"四"这个数字虽然是从经验和心理上得出的，但在象征上也适于表达旨在描述意识这般兼容并包的事物。

荣格还进一步提出建议，将他的类型学理论从仅仅是描述性的学术活动转变为具有诊断、预后、评估价值，并从总体上与精神病理学有联系的一套理论。

四大意识功能中余下的两种又如何呢？荣格观察到提供了优势功能的配对中剩下的那一个往往为个体带来许多困难。比方说，假设一个人以情感为优势功能，如果荣格是对的，那么他可能对同样来自理性配对的另一个功能——思维——有困难。我们可以看到荣格的这种方法是如何在实践中发挥作用的。我们都认识这样的人：他们看来沉稳，人生态度成熟、平和，在情绪上感到自在并重视个人关系；但他们可能缺乏持续的理性能力和系统思考能力，甚至会认为这种思维是可怕的，厌恶逻辑并自豪地谈论自己是数学盲，等等。但骄傲背后也许隐藏着欠缺感，而问题可能没有那么容易解决。荣格把这种出现问题的功能命名为劣势功能。这片意识区域对于一个人来说是个难点。另外，大部分仍留在无意识中的劣势功能，也蕴藏着变化的巨大潜力；通过尝试将劣势功能的内容整合进入自我意识，可以带出这种潜力。这样来实现一个人的劣势功能，正是**自性化**（individuation）的一个首要因素，因为其中涉及人格的"丰满"。

我们要认识到很重要的一点，那就是荣格构建这个系统时运用了他的**两极**（opposites）理论。比起理性与非理性（例如思维和直觉）之间更为明显的对立，在"理性"的主要分类之下的思维和情感是两极这一事实给荣格带来了更强烈的冲击。正是思维与情感所共有的合理性之联结，使它们能够被构想为两极。荣格认为，因为一个人更可能倾向于理性或非理性，类型学上的重要问题不得不从理性或非理性的分类内部来回答。我们必须强调这一点，因为在某种程度上，这与主张理性与非理性倾向才是真正对立的两极的常识相冲突。

荣格推测，这些不同的类型学两极在成熟和自性化的过程中会互相合并，以至于一个人的意识态度，并且由此他对自己的很大一部分体验，也就会变得更丰富也更多样化。类型形成的时间线是一个令人感兴趣的问题。荣格描述了一个两岁大的孩子，在告诉他房间里每件家具的名称之前，一步也不肯踏入那个房间。荣格对此的看法之一是将此作为一个早期内倾性格的例子。时机问题导致了一个人的类型在多大程度上是固定还是可变的难题。

荣格认为这些功能有生理基础，其中包括部分由自我控制的心灵组成部分（参见 body **身体**；psyche **心灵**）。一个人可以在一定程度上选择如何行动，但限制可能是与生俱来的。没有人可以摒弃四大功能中的任何一种，它们是自我意识所固有的。但对某一种特定功能的使用可能会成为惯性，并排除其他功能。被排除的功能会一直不受训练、不受开发，保持婴儿期或过时的样子，并可能完全是无意识的而未能整合进入自我。但分化各种功能并进行有限的整合是可能的。尽管如此，出于社会、教育或家族原因，某一种功能也可能会与人格本质不谐而变成单方面的主导者。

U

unconscious　无意识

荣格也像弗洛伊德一样，使用"无意识"这个术语来形容自我无法接触的精神内容，以及限定一处自有其特点、规律和功能的心灵区域。

荣格并不仅仅把无意识视为受压抑的婴幼儿期个人体验的资料库；因为无意识直接关系到人类种族系统进化的本能基础，他也将其作为与个人体验不同且更加客观的心理活动的所在。前者的个人无意识被视为取决于后者的集体无意识。集体无意识的内容从来没有出现在意识中，它们反映了原型的过程（参见 archetype 原型）。由于无意识是一个心理概念，无论其内容与本能相连的根源为何，这些内容整体上来说也都是心理性质的。意象、象征和幻想可称为无意识的语言（参见 fantasy 幻想；image 意象；metaphor 隐喻；symbol 象征）。因为集体无意识源自继承而来的**大脑**（brain）结构，它独立于**自我**（ego）而运作。它的表现形式作为普遍通用的母题出现在**文化**（culture）中时，其自身具有一定的吸引程度（参见 numinosum 圣秘敬畏）。

有学者指出荣格这样的区分稍显过于学术，因为集体无意识的内容需要个人无意识因素的参与才能表现为行为；所以这两种无意识是不可分割的。[1] 另外，集体无意识的概念可以在分析中用以确定个

---

[1]　Willams，1963a.

人体验以外或背后的非个人联结（参见 amplification **扩充**；association **联想**）；然后自我就可与其产生不同的关联。① 在分析心理学领域，对话的双方是个人视角与非个人视角的现实（参见 object psyche **客观心灵**）。

在心灵结构方面，阿尼玛或阿尼姆斯被设想为与自我和无意识相连（参见 anima and animus **阿尼玛与阿尼姆斯**；psyche **心灵**；psychopomp **引灵者**）。荣格通常以补偿（compensation）来表示意识与无意识之间的关系。

对无意识的**反思**（reflection）引发了以下的考虑，即为什么无意识的某些部分会成为意识，而另一些部分不会。荣格的初步结论是：能量的限度改变了，以及自我的强度决定了哪些可能进入**意识**（consciousness）。关于自我，关键因素是其与无意识中所揭露的可能性保持对话与互动的能力。如果自我相对较强，这将允许无意识的内容有选择性地进入意识（参见 transcendent function **超越性功能**）。随着时间推移，此类内容可被视为以独特而个人的方式促进了人格的发展（参见 individuation **自性化**；transformation **转化**）。我们可以看出，弗洛伊德与荣格在对无意识的着重上有所差别；荣格的观点是，无意识主要是或可能是创造性的，并服务于个体以及全人类。（对弗洛伊德关于无意识之种系发生观的讨论，参见 archetype **原型**。）

目前我们已经提到无意识在心灵结构中有其位置，无意识自身也有内部结构、语言以及整体而言的创造力。另外，虽然可能需要进行解析，但荣格亦把无意识归为知识甚至是思想的一种形式。在哲学的语言中，这可以表达为包含心理倾向或发展路线的"终极原因"。我们可以将此视为某事发生的原因或目的，一件事情因此而发生的"缘

---

① Hillman，1975.

故"。意识中的终极原因是一种期盼、愿望或意向。无意识中运作的终极原因则很难确定，但可能被体验为个人生活的表达及**意义**（meaning）的提升。无意识的这个方面涉及所谓的**目的论观点**（teleological point of view）。应当注意的是，荣格既不是在说无意识导致了事情发生，也不是指无意识的运作和影响就必然有益（参见 synchronicity **共时性**）。

对无意识思想的讨论，参见 directed and fantasy thinking **定向和幻想思维**。

unus mundus　一元宇宙

荣格对**炼金术**（alchemy）以及**心灵现实**（psychic reality）、**类心灵无意识**（psychoid unconscious）和**共时性**（synchronicity）等概念之演变的研究，使他引入了一元宇宙或一元世界这一前牛顿时代的想法。荣格用这个概念或说意象来表示每一层次的存在都与其他层次密切相连，而非有一种超然或超上位的计划协调着彼此分离的各个部分。例如，**身体**（body）和**心灵**（psyche）是相互关联的，心灵和物质可能也相关。

使用一元宇宙作为心理学话语的基础概念时，**无意识**（unconscious）的运作可与已知的亚原子粒子物理学相类比。在两者中我们都观察到相关实体的快速交流和互动，且都能找出模式及概率。例如，相对论所告诉我们的，物理世界的流动性和"象征性"本质，就可以同心灵内在活动的相似特性进行比较。当亚原子物理学家接受某物可以同时是粒子和波的时候，他必须对自己的研究抱持一种或多或少是心理学的态度（参见 symbol **象征**）。物理学家寻找自然界中潜在的力量，这股力量也许将统一电磁、核能力量和重力。同样，"超距作用"——两个不同的亚原子粒子表现和谐，好像"知道"彼此的行动一般——这一非爱因斯坦理论的概念，可以与原型理论和/或超个人**自性**（Self）的运作相比较（参见 archetype **原型**）。

　　一元宇宙是一种基本与因果关系之解释相悖的世界观。其重点不是于"物"本身，而在于"物"之间存在的关系，并且更进一步地，在于关系之间的关系。我们必须记住，一元宇宙不是辨别**意义**（meaning）的工具，而是如此尝试的背景（参见 reductive and synthetic methods **还原与合成方法**；teleological point of view **目的论观点**）。这种辨别能力需要**自我**（ego）的参与以及个人的权威。荣格认为，对如《易经》或占星表等规则典律的依赖，必须受到严格的监控。然而，一元世界——也许是一个弥漫着一种神圣之智慧的世界——在一定程度上是一种超然的愿景。如今也有关了"物理学的神秘主义"以及普通**意识**（consciousness）所感知的碎片背后的"隐含秩序"的讨论。①

　　并非所有的分析心理学家都接受荣格关于一元宇宙的观点。这种观点失去了往往在"火花"或片段中表达出来的、多元化心灵的活力。对一元宇宙这种基础方案的寻索，阻碍了我们充满感情和想象力地投入这些片段、对它们进行探索而可能获得的一切。② 也有学者提出，荣格利用一元宇宙作为对自己强烈焦虑的防御。③

---

① 　参照 Capra，1975；Bateson，1979；Bohm，1980。
② 　Hillman，1971.
③ 　Atwood and Stolorow，1979.

uroboros　衔尾蛇

一条蛇盘成圆形，咬着自己尾巴的母题。因此，它"将自身杀死，与自身婚配，使自身怀孕。它同时是男人与女人，生产与孕育，吞食与分娩，主动与被动，上与下"①。作为一个象征，衔尾蛇暗示了一种涉及黑暗和自我毁灭，以及繁殖力和潜在创造力的原始状态。它描绘了划分并分离**两极**（opposites）之前所存在的阶段。

继荣格和诺依曼之后，一些分析心理学家使用衔尾蛇作为人格**发展**（development）早期阶段的一个主要**隐喻**（metaphor）。**生命本能**（life instinct）和**死亡本能**（death instinct）、爱和攻击性都尚未划分；**性别**（gender）身份未曾成形；**原初场景**（primal scene）体验的缺乏，暗示了单性生殖或无原罪受孕的幻想；喂饲者和喂饲物并无区别，只有一张永远在吞噬的嘴。婴儿心理生活中很大的一部分可以被假定由上述幻想构成，因此发展早期阶段的特征可被描述为是自我吞噬的；其后被诺依曼称为母系的及父系的阶段。

因为这本质上是一个共情的结构，我们必须记得这种描述的隐喻性质；实证性的外部观察表明，婴儿比集中于唯我主义和幻想的自我吞噬更具有显著的关联性、积极性和初始性。不过，无论是内部还是外部的视角，均以不同方式合理有效（参见 infancy and childhood **婴儿期与童年**）。

当代的精神分析已经渐渐转向这样的看法：如果母亲和/或环境不能配合婴儿对夸张自负和自感全能的、相对正常的幻想，那么婴儿往往会感觉自己被侵犯和迫害。如温尼考特所提出的那样，这可能导致一种

---

① Neumann，1954.

伪自体组织的发展。[1] 又或者，婴儿未能得到"镜映"可能会导致被剥夺感，从而在往后的人生中倾向于出现自恋型人格障碍。[2]

　　成年人的宗教感可被视为涉及衔尾蛇的意象——一方面认可神无所不包的力量，另一方面又识别出与他合为一体的时刻（参见 religion **宗教**；Self **自性**）。

---

①　Winnicott，1960.

②　Kohut，1971.

V

vision　幻景

　　无意识内容的一种侵入，它以令人印象深刻的亲身体验之形式闯入意识领域，并以视觉与图像方式描绘出来。这种情况发生于清醒状态，且除了极少数时候以外，基本上伴有**心智水平降低**（*abaissement du niveau mental*）。一般来说，幻景源于极端的个人疏离。幻景引人入胜，并具有不可思议的说服力。这是因为神秘的幻景使人们如此强烈地回想起令人感觉是自己的真实本性，以至于他们对其铭记在心。

　　虽然幻景本身并不是心理失常的证据，但有些幻景确实是病理性的，且可见于**精神病**（psychosis）。荣格对精神分裂症患者的早期研究，让他注意到在所报告的幻景中经常重复出现的神话母题（即太阳神的母题）（参见 myth **神话**；schizophrenia **精神分裂症**）。他后来确认了这是属于集体**无意识**（unconscious）的原型片段。这样的内容一旦突入意识，就会产生个体要如何回应的问题。

　　看见幻景并无特殊优势；幻景的价值取决于接收幻景者对它们采取的态度。当一个原始的念头以幻景的形态呈现本身时，个体的任务是要把自发且象征性的图像或戏剧性的序列转译成为个体的表述。否则，幻景就仅仅是一个令人无力防护的自然现象；这时可能出现虚弱的**自我**（ego）受制于**膨胀**（inflation）的危机。

　　幻景可能是怪诞的，也可能美得超凡脱俗。有些幻景的性质暗示了一种超意识力量的设计。然而正如荣格所指出的，要想象这样的意识没有身份特性是不可能的。由于如此超意识身份的存在除了主观方式以外无法证明，我们也无法对此做进一步的心理学表述。心理学止步于此，接下来就是某种对**精神**（spirit）的信仰的领域了（参见 God-image **神意象**；numinosum **圣秘敬畏**；religion **宗教**）。

wholeness　整体性

相对于人格本身，或是相对于其他人和环境而言，人格的各个方面尽可能最为充分的表达。

荣格认为整体性等同于健康。因此，整体性既是一种潜力，又是一种能力。我们生来即具有基础的整体性，但这会随着成长而分解，并重组为更加分化的东西（参见 Self 自性）。依此表达，达成意识的整体性可被视为人生的目标或目的。与他人或环境的互动，视其情况，可能有利或不利于此。但是整体性的所有方面都对个体有着重要意义，因此达成整体性是一项定性而非定量的成就。

虽然无法主动去搜寻或追求整体性本身，我们还是能够看到人生体验有多经常以整体性作为秘密目标。与创造力的联系强调了整体性（与健康）是相对而言的用语，有别于常态或者因循守旧（参见 adaptation 适应；healing 治愈；individuation 自性化）。以荣格对"整体性"一词的使用，与其说其词义为"完美"，不如说更接近"完整性"。

整体性的想法与**两极**（opposites）的理论相联系。如果相互矛盾的两极汇集并合成，结果会是更大的整体性（参见 *coniunctio* 精合；mandala 曼荼罗）。荣格注意到，西方文化——尤其是基督教——一般而言忽略了对整体性至关重要的两个因素：女性化的因素（参见 anima and animus 阿尼玛与阿尼姆斯；assumption of the virgin Mary, Proclamation of Dogma **圣母玛利亚升天教义宣言**；gender **性别**），以及**恶**（evil），或说人的破坏性的因素（参见 shadow **阴影**）。

荣格清楚一个人能够表面上获得假可乱真的整体性[①]，也明白一个过于热切的信奉者会把自己的愿望与其实际状态相混淆。贪图整体性可以逃避心理冲突。

荣格的想法与 20 世纪思想的许多发展一样展现了整体思维（虽然荣格并不使用这个词）。参见 pleroma **佩雷若玛**；psychic reality **心灵现实**；psychoid unconscious **类心灵无意识**；synchronicity **共时性**；*unus mundus* **一元宇宙**。

will　意志

荣格用以表示**意识**（consciousness）中关于能量的方面，即关系到**无意识**（unconscious）总体——尤其是本能——的意识的力量。对于荣格来说，意识从来不是一个中性的因素，它会对心灵事务进行积极干预（参见 complex **情结**；ego **自我**）。他把意志定义为意识可用的能量，并强调动机在释放此类能量时发挥的作用。荣格认为动机由**集体**（collective）力量引发，如教育、**文化**（culture）、教会，以及**抑郁**（depression）或**神经症**（neurosis）等心灵决定因素。

相对于本能，意志可被视为能够改变其强度及其方向。但是意志本身必须采用本能的能量。此处，荣格的看法接近于弗洛伊德有关"自我

---

①　*CW* 7，para. 188.

本能"的早期构想。① 这类本能服务于自我，并反对性本能。主要区别在于：弗洛伊德的理论强调性本能所创造的冲突，相比之下荣格则着重于对性本能的**转化**（transformation）（参见 energy **能量**；Eros **厄洛斯**；incest **乱伦**）。

荣格对"意志"一词用法的含义之一是，意识是本能的，因而是人类与生俱来、定义人性的一面，而不是次要的、习得的因素。此外，无意识中也有某种形式的"意识"（参见 archetype **原型**；Self **自性**）。荣格有时会猜想是否有某种形式的**身体**（body）意识之可能性。

意志的领域是有限的：意志"不能强迫本能，也无权掌控**精神**（spirit）"②。

参见 religion **宗教**。

wise old man/wise old woman　智慧老人/智慧老妪

参见 mana personalities **玛那人格**。

word association test　字词联想测试

通过研究联想或偶然的心理联结来识别个人情结的一种实验方法

---

① Freud，1910.
② *CW* 8，para. 379.

（参见 association **联想**）。1910 年代，当荣格还是个年轻的精神科医生时，他在伯格霍兹里精神病院工作期间曾花费数年时间专注于字词联想测试的研究。当时布洛伊勒在伯格霍兹里引进了这种测试，并将其用于患者的临床评估（参见 psychoanalysis **精神分析**）。

测试由高尔顿发明，经冯特接手改变；后者想借此发现并确立控制联想的法则。阿沙芬伯格（Gustav Aschaffenburg）和克雷佩林区分了对口头语言或哐当声响的联想与关于意义的联想，并观察到疲劳对反应的影响。他们对发热病人、酗酒者和精神病患者均进行了测试。接着，契恩（Theodor Ziehen）发现，如果刺激词关联到使患者感觉不快的事物，反应时间将较长。延迟反应被发现可能与一个"共同的潜在表现"或是"充满情感的情结之表现"相关。伯格霍兹里精神病院正是在此时应用了这一测试。荣格所负责的研究的首要关注是在**精神分裂症**（schizophrenia）发病时围绕联想的张力释放。

荣格完善了测试，他的主要目的是检测并分析情结。在研究过程中，荣格渐渐确信如果能够帮助患者战胜并克服其**情结**（complex），患者就有可能被治愈。在最初的研究结果中①，他根据是否涉及单一的、持续的或反复的事件，有意识、部分有意识或无意识，以及是否揭露了强力的**情感**（affect）负荷，区分了不同类型的情结。荣格的研究导致他与布鲁勒在关于精神分裂症起源之猜想上产生了分歧；同时荣格也阐明了自己的开创性假设，即精神病的妄想是在试图创造一个世界的新愿景。②

研究字词联想测试期间，荣格始终将弗洛伊德引为权威。弗洛伊德

---

① 发表于 1907 年，标题为《早发性痴呆的心理学》（*The Psychology of Dementia Praecox*），见 *CW* 3。

② *CW* 3, paras. 153 – 178.

本人并不知道对联想进行的研究，而使用一系列如联想链条、联想连线、联想链或联想序列等术语来描述所谓"自由联想"的途径。荣格认为自己对情结和情结指标的研究证实了无意识中受压抑内容的聚合，并支持了弗洛伊德对创伤回忆的发现。不过，弗洛伊德对其自由联想方式的继续使用，照荣格的说法，主要在于患者的个人无意识内容；而荣格对情结的兴趣则使他更进一步去研究集体无意识中存在的原型。参见archetype **原型**；collective **集体**；unconscious **无意识**。

荣格曾一度猜测词语联想测试可能可以作为具有社会价值的一种方法，在犯罪侦查以及治疗中得到运用。但对其中所涉及的问题专注地研究了几年之后，荣格完全放弃使用字词联想测试，对实验心理学也不再有更进一步的尝试了。

wounded healer　受伤的治愈者

参见 healing **治愈**。

参考文献

Adler, G. (1971), 'Analytical psychology and the principle of complementarity', in *The Analytical Process*, ed. Wheelwright, J., Putnam, New York.

Atwood, G. and Stolorow, R. (1979), *Faces in a Cloud: Subjectivity in Personality Theory*, Jason Aronson, New York.

Balint, M. (1968), *The Basic Fault: Therapeutic Aspects of Regression*, Tavistock, London.

Bateson, G. (1979), *Mind and Nature: A Necessary Unity*, Dutton, New York.

Binswanger, L. (1945), 'Insanity as life historical phenomenon and as mental disease: the case of Ilse', in *Existence*, eds May, R., Angel, E., Ellenberger, H., Basic, New York, 1958.

Bohm, D. (1980), *Wholeness and the Implicate Order*, Routledge & Kegan Paul, London.

Capra, F. (1975), *The Tao of Physics*, Wildwood House, London.

Corbin, H. (1972), *Mundalis imaginalis*, or the imaginary and the imaginal', Spring.

Corbin, H. (1983), 'Theophanies and mirrors: idols or icons?', Spring.

Dictionary of Modern Thought (1977), Fontana, London.

Edinger, E. (1972), *Ego and Archetype*, Penguin, New York.

Eliade, M. (1968), *The Sacred and the Profane*, Harcourt, Brace & World, New York.

Ellenberger, H. (1970), *The Discovery of the Unconscious*, Allen Lane, London; Basic, New York.

Ford, C. (1983), *The Somatizing Disorders: Illness as a Way of Life*, Elsevier, New York.

Fordham, M. (1961), 'C. G. Jung', *Brit. J. Med. Psych.*, 34.

Fordham, M. (1969), *Children as Individuals*, Hodder & Stoughton, London.

Fordham, M. (1976), *The Self and Autism*, Heinemann, London.

Freud, S. (1900), *The Interpretation of Dreams*, Std Edn, 4-5, Hogarth, London.

Freud, S. (1901), *The Psychopathology of Everyday Life*, Std Edn, 6, Hogarth, London.

Freud, S. (1905), 'Jokes and their relation to the unconscious', Std Edn, 8, Hogarth, London.

Freud, S. (1910), 'The future prospects of psycho-analytic therapy', Std Edn, 11, Hogarth, London.

Freud, S. (1912), 'Recommendations to physicians practising psychoanalysis', Std Edn, 12, Hogarth, London.

Freud, S. (1913), 'The disposition to obsessional neurosis', Std Edn, 12, Hogarth, London.

Freud, S. (1915), 'Instincts and their vicissitudes', Std Edn, 14, Hogarth, London.

Freud, S. (1916-17), *Introductory Lectures on Psychoanalysis*, Std Edn, 15–16, Hogarth, London.

Freud, S. (1920), *Beyond the Pleasure Principle*, Std Edn, 18, Hogarth, London.

Freud, S. (1937), 'Analysis terminable and interminable', Std Edn, 23, Hogarth, London.

Glover, E. (1950), *Freud or Jung*, Allen & Unwin, London.

Goldberg, A. (1980), Introduction to *Advances in Self Psychology*, ed. Goldberg, A., International Universities Press, New York.

Gordon, R. (1978), *Dying and Creating: A Search for Meaning*, Society of Analytical Psychology, London.

Greenson, R. and Wexler, M. (1969), 'The non-transference relationship in the psychoanalytic situation', *Int. J. Psychoanal.*, 50, pp. 27-39.

Guggenbühl-Craig, A. (1971), *Power in the Helping Professions*, Spring, New York.

Guggenbühl-Craig, A. (1977), *Marriage: Dead or Alive*, Spring, Zürich.

Guggenbühl-Craig, A. (1980), *Eros on Crutches: Reflections on Psychopathy and Amorality*, Spring, Dallas.

Hall, J. (1977), *Clinical Uses of Dreams: Jungian Interpretation and Enactments*, Grune and Stratton, New York.

Heimann, P. (1950), 'On counter-transference', *Int. J. Psychoanal.*, 31.

Heisig, J. (1979), *Imago Dei: A Study of C. G. Jung's Psychology of Religion*, Bucknell University Press, Lewisburg; Associated Universities Press, London.

Henderson, J. (1967), *Thresholds of Initiation*, Wesleyan University Press, Middleton, New York.

Henderson, J. (1982), 'Reflections on the history and practice of Jungian analysis', in *Jungian Analysis*, ed. Stein, M., Open Court, La Salle and London.

Henry, J. (1977), Comment on 'The cerebral hemispheres in analytical psychology' by Rossi, E., *J. Analyt. Psychol.*, 22:2, pp. 52-8.

Hillman, J. (1971), 'Psychology: monotheistic or polytheistic?', Spring.

Hillman, J. (1972), *The Myth of Analysis*, Northwestern University Press, Evanston, Illinois.

Hillman, J. (1975), *Revisioning Psychology*, Harper & Row, New York.

Hillman, J. (1979), *The Dream and the Underworld*, Harper & Row, New York.

Hillman, J. (1980), 'On the necessity of abnormal psychology: Ananke and Athene', in *Facing the Gods*, ed. Hillman, J., Spring, Dallas.

Hillman, J. (1983), *Archetypal Psychology: A Brief Account*, Spring, Dallas.

Hudson, L. (1983), Review of *Jung: Selected Writings* ed. Storr, A., Fontana, London, in *Sunday Times*, 13 March, London.

Isaacs, S. (1952), 'The nature and function of phantasy', in *Developments in Psychoanalysis*, ed. Riviere, J., Hogarth, London.

Jacobi, J. (1965), *Complex/Archetype/Symbol in the Work of C. G. Jung*, Princeton University Press, 2nd edition (orig. 1959).

Jacoby, M. (1981), 'Reflections on H. Kohut's concept of narcissism', *J. Analyt. Psychol.*, 26:1, pp. 19-32.

Jaffé, A. (1971), *The Myth of Meaning*, Putnam, New York.

Jaffé, A. (1979), *C. G. Jung: Word and Image*, Princeton University Press.

Jung, C. G. (1955), In *C. G. Jung Letters*, ed. Adler, G., Vol. 2, p. 274, Routledge & Kegan Paul, London.

Jung, C. G. (1957), In *C. G. Jung Letters*, as above, Vol. 2, p. 383.

Jung, C. G. (1963), *Memories, Dreams, Reflections*, Collins and Routledge & Kegan Paul, London.

Jung, C. G. (1964), *Man and His Symbols*, Dell, New York.

Jung, C. G. (1983), *The Zofingia Lectures*, *CW* Supplementary Volume A, ed. McGuire, W., Routledge & Kegan Paul, London; Princeton University Press.

Jung, C. G. (1984), *Dream Analysis*, *CW* Seminar Papers, Volume 1, ed. McGuire, W., Routledge & Kegan Paul, London; Princeton University Press.

Jung, E. (1957), *Animus and Anima*, Spring, Irving, Texas.

Kirsch, T. (1982), 'Analysis in training', in *Jungian Analysis*, ed. Stein, M., Open Court, La Salle and London.

Klein, M. (1937), *Love, Hate, and Reparation*, Hogarth, London.

Klein, M. (1957), *Envy and Gratitude*, Tavistock, London.

Kohut, H. (1971), *The Analysis of the Self*, International Universities Press, New York.

Kohut, H. (1977), *The Restoration of the Self*, International Universities Press, New York.

Kohut, H. (1980), 'Reflections', in *Advances in Self Psychology*, ed. Goldberg, A., International Universities Press, New York.

Kraemer, W. (ed.). (1976), *The Forbidden Love: The Normal and Abnormal Love of Children*, Sheldon Press, London.

Kris, E. (1952), *Explorations in Art*, International Universities Press, New York.

Lacan, J. (1949), 'The mirror stage as formative of the function of the I as revealed in psychoanalytic experience', in *Écrits*, trans. Sheridan, A., Tavistock, London, 1977.

Laing, R. (1967), *The Politics of Experience*, Penguin, Harmondsworth.

Lambert, K. (1981), *Analysis, Repair and Individuation*, Academic Press, London.

Langs, R. (1978), *The Listening Process*, Jason Aronson, New York.

Laplanche, J. and Pontalis, J.-B. (1980), *The Language of Psychoanalysis*, Hogarth, London.

Layard, J. (1945), 'The incest taboo and the virgin archetype', in *The Virgin Archetype*, Spring, Zürich (1972).

Layard, J. (1959), 'On psychic consciousness', in *The Virgin Archetype*, Spring, Zürich (1972).

Ledermann, R. (1979), 'The infantile roots of narcissistic personality disorder', *J. Analyt. Psychol.*, 26:4, pp. 107-26.

Leonard, L. (1982), *The Wounded Woman: Healing the Father-Daughter Relationship*, Swallow, Athens.

Levinson, D. *et al.* (1978), *The Seasons of a Man's Life*, Knopf, New York.

Little, M. (1957), ' "R": the analyst's total response to his patient's needs'. *Int. J. Psychoanal.*, 38:3.

Maduro, R. and Wheelwright, J. (1977), 'Analytical psychology', *in Current Personality Theories*, ed. Corsini, R., Peacock, Ithaca.

Mattoon, M. (1978), *Applied Dream Analysis: A Jungian Approach*, Winston, Washington.

Meier, C. (1967), *Ancient Incubation and Modern Psychotherapy*, Northwestern University Press, Evanston, Illinois.

Micklem, N. (1980), 'The removable eye: reflections on imagination in neurosis', *Dragonflies*, Winter, 1980.

Money-Kyrle, R. (1978), *Collected Papers*, ed. Meltzer, D., Clunie Press, Strath Tay, Perthshire.

Neumann, E. (1954), *The Origins and History of Consciousness*, Routledge & Kegan Paul, London.

Neumann, E. (1955), *The Great Mother: An Analysis of the Archetype*, Routledge & Kegan Paul, London.

Neumann, E. (1973), *The Child*, Hodder & Stoughton, London.

Newton, K. (1975), 'Separation and pre-oedipal guilt', *J. Analyt. Psychol.*, 20:2, pp. 183-93.

Newton, K. and Redfearn, J. (1977), 'The real mother, ego-self relations and personal identity', *J. Analyt. Psychol.*, 22:4, pp. 295-316.

Odajnyk, V. (1976), *Jung and Politics: The Political and Social Ideas of C. G. Jung*, Harper & Row, New York.

Otto, R. (1917), *The Idea of the Holy*, Oxford University Press (1923).

Papadopoulos, R. (1984), Jung and the concept of the Other', *in Jung in Modern Perspective*, eds Papadopoulos, R. and Saayman, G., Wildwood House, Hounslow.

Pauli, W. (1955), 'The influence of archetypal ideas on the scientific theories of Kepler', in *The Interplay of Nature and the Psyche* by Jung, C. G. and Pauli, W., Bollingen, New York and London.

Perry, J. (1962), 'Reconstitutive processes in the psychopathology of the self', *Annals of the New York Academy of Sciences*, Vol. 96, article 3, pp. 853–76.

Perry, J. (1974), *The Far Side of Madness*, Prentice-Hall, Englewood Cliffs, New Jersey.

Perry, J. (1976), *Roots of Renewal in Myth and Madness*, Jossey-Bass, San Francisco.

Radin, P. (1956), *The Trickster: A Study in American-Indian Mythology*, Routledge & Kegan Paul, London.

Redfearn, J. (1978), 'The energy of warring and combining opposites: problems for the psychotic patient and the therapist in achieving the symbolic situation', *J. Analyt. Psychol.*, 23:3, pp. 231-41.

Rossi, E. (1977), 'The cerebral hemispheres in analytical psychology', *J. Analyt. Psychol.*, 22:1, pp. 32-58.

Rycroft, C. (1968), *Psychoanalysis Observed*, Penguin, Harmondsworth.

Rycroft, C. (1972), *A Critical Dictionary of Psychoanalysis*, Penguin, Harmondsworth.

Samuels, A. (1985a), *Jung and the Post-Jungian*, Routledge & Kegan Paul, London and Boston.

Samuels, A. (1985b), 'Countertransference, the *mundus imaginalis* and a research project', *J. Analyt. Psychol.*, 30:1, pp. 47-71.

Sandner, D. (1979), *Navaho Symbols of Healing*, Harcourt, Brace, Jovanovich, New York and London.

Sandner, D. and Beebe, J. (1982), 'Psychopathology and analysis', in *Jungian Analysis*, ed. Stein, M., Open Court, La Salle and London.

Schafer, R. (1976), *A New Language for Psychoanalysis*, Yale University Press, New Haven.

Schwartz-Salant, N. (1982), *Narcissism and Character Transformation: The psychology of Narcissistic Character Disorders*, Inner City, Toronto.

Searles, H. (1968), *Collected Papers on Schizophrenia and Related Subjects*, Hogarth, London.

Sheldrake, R. (1981), *A New Science of Life*, Shambhala, Boulder and London.

Singer, J. (1972), *Boundaries of the Soul: The Practice of Jung's Psychology*, Gollancz, London.

Singer, J. (1976), *Androgyny: Towards a New Theory of Sexuality*, Doubleday, Garden City, New York.

Stein, M. (1982), 'The aims and goal of Jungian analysis', in *Jungian Analysis*, ed. Stein, M., Open Court, La Salle and London.

Stein, M. (1985), *In Midlife*, Spring, Dallas.

Stein, R. (1974), *Incest and Human Love*, Penguin, Baltimore.

Stevens, A. (1982), *Archetype: A Natural History of the Self*, Routledge & Kegan Paul, London.

Storr, A. (1983), *Jung: Selected Writings*, Fontana, London.

Sutherland, J. (1980), 'The British object relations theorists: Balint, Winnicott, Fairbairn, Guntrip', *J. Amer. Psychoanal. Assn.*, 28, pp. 829-59.

Szasz, T. (1962), *The Myth of Mental Illness*, Seeker & Warburg, London.

Tolpin, M. (1980), Contribution to 'Discussion' in *Advances in Self Psychology*, ed. Goldberg, A., International Universities Press, New York.

Ulanov, A. (1981), *Receiving Woman: Studies in the Psychology and Theology of the Feminine*, Westminster, Philadelphia.

von Franz, M.-L. (1970), *The Problem of the Puer Aeternus*, Spring, New York.

von Franz, M.-L. (1971), 'The inferior function' in *Jung's Typology* by Hillman, J. and von Franz, M.-L., Spring, New York.

Watkins, M. (1976), *Waking Dreams*, Gordon & Breach, New York.

Weaver, M. (1964), *The Old Wise Woman*, Vincent Stuart, London.

Wheelwright, J. (1982), 'Termination', in *Jungian Analysis*, ed. Stein, M., Open Court, La Salle and London.

White, V. (1952), *God and the Unconscious*, Harvill, London.

Wilber, K. (ed.). (1982), *The Holographic Paradigm and Other Paradoxes. Exploring the Leading Edge of Science*, Shambhala, Boulder and London.

Willeford, W. (1969), *The Fool and His Scepter*, Northwestern University Press, Evanston, Illinois.

Williams, M. (1963a), 'The indivisibility of the personal and collective unconscious', in *Analytical Psychology: A Modern Science*, ed. Fordham, M. *et al.*, Heinemann, London, 1973.

Williams, M. (1963b), 'The poltergeist man', *J. Analyt. Psychol.*, 8:2. pp. 123-44.

Winnicott, D. (1960), 'The theory of the parent-infant relationship', in *The Maturational Processes and the Facilitating Environment*, Hogarth, London, 1965.

Winnicott, D. (1967), 'Mirror role of mother and family in child development', in *Playing and Reality*, Tavistock, London, 1971

Winnicott, D. (1971), *Playing and Reality*, Tavistock, London.

图书在版编目（CIP）数据

荣格心理学关键词/（英）安德鲁·塞缪尔斯（Andrew Samuels），（瑞士）巴妮·肖特（Bani Shorter），（英）弗雷德·普劳特（Fred Plaut）著；颖哲华译 . -- 北京：中国人民大学出版社，2021.1
　书名原文：A Critical Dictionary of Jungian Analysis
　ISBN 978-7-300-28686-0

　Ⅰ.①荣… Ⅱ.①安… ②巴… ③弗… ④颖… Ⅲ.①荣格（Jung, Carl Gustav 1875—1961）-分析心理学 Ⅳ.①B84-065

中国版本图书馆 CIP 数据核字（2020）第 191514 号

荣格心理学关键词

〔英〕安德鲁·塞缪尔斯
〔瑞士〕巴妮·肖特　　　　著
〔英〕弗雷德·普劳特

颖哲华　译
申荷永　审校
Rongge Xinlixue Guanjianci

出版发行	中国人民大学出版社		
社　　址	北京中关村大街 31 号	邮政编码	100080
电　　话	010 - 62511242（总编室）	010 - 62511770（质管部）	
	010 - 82501766（邮购部）	010 - 62514148（门市部）	
	010 - 62515195（发行公司）	010 - 62515275（盗版举报）	
网　　址	http://www.crup.com.cn		
经　　销	新华书店		
印　　刷	北京市联兴盛业印刷股份有限公司		
规　　格	170 mm×240 mm　16 开本	版　　次	2021 年 1 月第 1 版
印　　张	17.75 插页 2	印　　次	2022 年 4 月第 2 次印刷
字　　数	225 000	定　　价	89.00 元